M a n u a l   o f   O r g a n i c   A p p l e

사과 유기재배 매뉴얼

Manual of Organic Apple

국립원예특작과학원 사과연구소

Jinhan M&B

Apple Research Institute

국립원예특작과학원 사과연구소

사과 유기재배 매뉴얼

Manual of Organic Apple

발간사

최근 농산물의 안전성, 지속성 및 환경보전에 대한 관심이 높아지면서 유기농으로 사과를 재배하는 농가가 2005년 5농가, 2010년 53농가, 2014년 61농가로 완만한 증가세를 보이고 있다.

그러나 우리나라는 강수량이 사과 생육기에 집중되어 꽃눈 확보와 병해충 방제가 어렵고 토양 물리 · 화학성도 사과 재배에 불리한 경우가 많다. 또한 시장과 소비자들은 크고 외관이 좋은 사과를 선호하는 편이어서 우리나라에서 무농약과 유기농으로 사과원을 관리한다는 것은 다소 어려운 실정이다.

정부는 2009년 친환경농업육성법 개정을 통해 저농약 인증제를 폐지를 예고하였다. 2010년부터 저농약 신규인증을 중단하고, 기존 인증농가는 2015년 말까지 인증이 유효하지만 2016년 1월 1일부터는 저농약 인증이 완전히 폐지될 예정이다. 2013년 3월 저농약 인증농가에 대한 한국농촌경제연구원의 설문조사 결과 17%만이 상위 인증인 무농약/유기재배로 전환할 계획이라고 답하여, 많은 농가가 친환경 재배를 포기할 것으로 예상하고 있다. 특히 친환경 과수농가의 경우 병해충 방제 등 기술적 어려움으로 인해 무농약/유기로의 전환에 어려움을 겪고 있다.
그동안 민간 단체를 중심으로 유기농 사과 친환경 인증 취득을 위한 교육이 이루어져 왔지만

이러한 교육 내용이 체계적으로 정리되어 있지는 않았으며, 연구기관의 기술개발 사례도 많지 않았다.

이에 국립원예특작과학원에서는 저농약 인증 과수 농가들이 무농약/유기재배로 전환할 수 있도록 지원하기 위해 짧은 기간이지만 국내의 재배시험과 병해충의 친환경 방제의 시험을 통해 얻어진 자료와 외국의 유기재배 매뉴얼을 참고하여 사과 유기재배 매뉴얼을 작성하였다.

비록 이번에 수록된 내용에는 외국의 유기재배 매뉴얼의 내용을 많이 인용하였지만, 앞으로 국내 환경에서 꾸준한 연구를 통해 내용을 보완해 나갈 것을 약속드리며, 본 책자가 부족하나마 사과 유기재배를 계획하고, 실천하시는 분들에게 도움이 되기를 기대한다.

2015년 8월

농촌진흥청 **국립원예특작과학원장**

Apple Research Institute

국립원예특작과학원 사과연구소

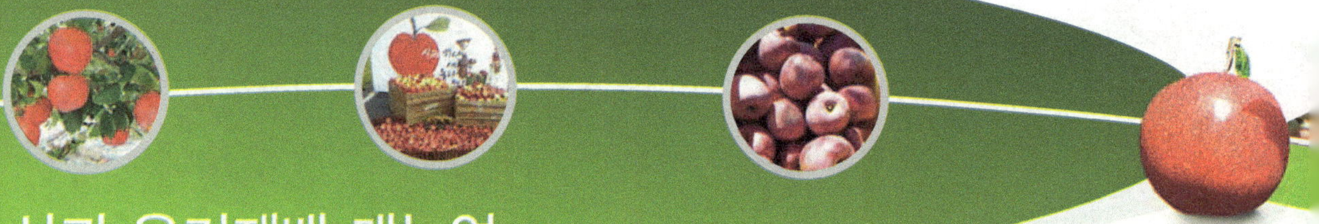

사과 유기재배 매뉴얼

Manual of Organic Apple

Contents

M a n u a l   o f   O r g a n i c   A p p l e

사과 유기재배 매뉴얼

Manual of Organic Apple

w w w . n i h h s . g o . k r

Chapter 01

유기재배의 개념과 원칙

가. 유기농업이란?

나. 유기재배 원칙(IFOAM 4원칙)

Chapter 01 사과 유기재배 매뉴얼 Manual of Organic Apple

유기재배의 개념과 원칙

가. 유기농업이란?

유기농업은 토양과 생태계와 사람의 건강을 지속시키는 생산 시스템이다. 이것은 부작용이 있을 투입재의 사용보다는 생태적 과정, 생물다양성 및 지역적 환경에 적응된 순환에 의존한다. 유기농업은 전통, 혁신 그리고 과학을 결합시켜 모두가 공유하는 환경을 이롭게 하고 이에 속한 모든 생명들의 공정한 관계와 양질의 삶을 증진시키고자 한다.

나. 유기재배 원칙(IFOAM 4원칙)

이 원칙은 유기농업이 성장하고 발전할 수 있다는 전제하에 채택되었다. 유기농업이 우리 세계에 어떻게 기여할 수 있는지, 또한 세계적 차원에서 농업 전반을 어떻게 발전시킬 수 있는지 그 비전을 제시한다.

첫째는 건강의 원칙으로써, 토양, 식물, 동물, 인간과 지구가 하나로 연계되어 있으며, 유기농업을 통해 이들의 건강을 유지하고 증진시켜야 한다. 이 원칙은 개인이나 사회의 건강이 결코 환경의 건강에서 분리될 수 없음을 강조하고 있다. 건강한 흙이 건강한 작물을 생산하고 이것이 동물과 사람의 건강을 증진시킨다는 의미이다. 건강이란 삶의 전체성이며 단순히 질병이 없는 상태가 아니라 육체적, 정신적, 사회적, 생태학적 참살이의 유지를 의미한다. 유기농업에서는 건강한 생명시스템의 유지를 위해 부정적 영향을 줄 수 있는 화학비료, 합성농약, 동물의약품과 식품첨가물의 사용을 피한다.

둘째는 생태의 원칙으로써 유기농업은 살아있는 생태계와 순환에 기초하여야 하며, 생태계를 활용하고, 생태계의 원리를 모방하며, 또한 생태계가 유지될 수 있도록 돕는 역할을 한다.

농업이 살아있는 생태계 내부에 뿌리를 두어야 한다는 것이며, 농업생산이 생태적 과정과 재순환에 기초해야 한다는 뜻이다. 유기농업은 농업생태계의 설계, 서식환경의 조성, 유전적 · 재배적 다양성에 대한 관리를 통해 생태적 균형이 이루어지도록 하여야 한다.

셋째는 공정의 원칙으로써 유기농은 지구의 구성원이 공유하고 있는 환경과 삶의 기회에서 공정성을 보장하는 관계를 기반으로 해야 한다. 공정성은 사람과 사람 사이, 그리고 사람과 다른 생명체 사이의 관계에서 평등, 존중, 정의를 바탕으로 관리하는 것을 의미한다. 생산과 소비를 위한 모든 자원들은 사회적으로나 생태적으로 공정하게 다루어져야 하며 미래세대를 위해 관리되어야 한다. 생산, 분배, 무역의 과정에서 투명하고 공평한 체계가 요구되며, 환경과 사회적 비용이 반영되어야 한다.

넷째는 돌봄의 원칙으로써 유기농업은 현재와 미래 세대의 건강과 복지, 환경을 보호하기 위해 예방적이고 신뢰할 수 있는 방법으로 관리되어야 한다. 이 원칙은 신뢰할 수 있는 과학기술을 통해 유기농업을 건강하고, 안전하며, 생태적으로 건전하도록 발전시킬 것을 강조하고 있다. 현장의 경험과 전통적 지식을 존중하여야 한다.

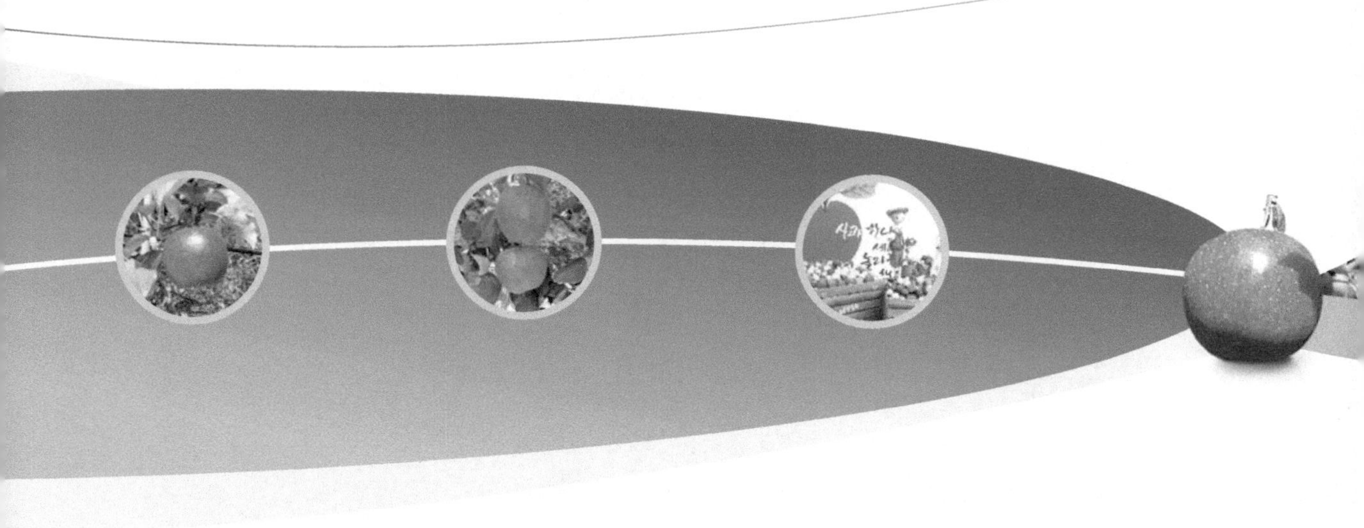

M a n u a l   o f   O r g a n i c   A p p l e

사과 유기재배 매뉴얼

Manual of Organic Apple

w w w . n i h h s . g o . k r

Chapter 02

유기재배 기준, 규정 및 준수사항

가. 유기 인증을 위한 일반적으로 지켜야할 사항
나. 유기농 인증 신청과 절차

Chapter 02 사과 유기재배 매뉴얼 Manual of Organic Apple

유기재배 기준, 규정 및 준수사항

전 세계적으로 유기농산물의 생산과 교역이 늘어나면서 1999년 국제기준인 codex "guidelines for the production, processing, labelling and marketing of organically produced foods" 이 제정되었다. 세계 각국은 Codex 기준을 참고하여 나라별로 인증 등에 대한 법과 제도를 운영하고 있다. 우리나라는 친환경농어업 육성 및 유기식품 등의 관리 · 지원에 관한 법률(법률 제12515호, 2014.3.24.)을 제정하여 운영하고 있다.

가. 유기 인증을 위한 일반적으로 지켜야할 사항

유기농 인증 라벨 표기

유기농산물 (ORGANIC) 농림축산식품부	유기축산물 (ORGANIC) 농림축산식품부	유기가공식품 (ORGANIC) 농림축산식품부
〈유기농산물〉	〈유기축산물〉	〈유기가공식품〉

나. 유기농 인증 신청과 절차

신청기한: 인증신청 농산물 생육기간의 1/2이 지나기 전에 인증희망일 42일전까지 신청한다.

신청시 제출서류

① 친환경농산물인증신청서

② 인증품 생산계획서

③ 영농관련자료(영농일지, 포장별 시비처방서, 기타 관련자료)

신청기관: 국립농산물품질관리원 지원 · 국립농산물품질관리원 출장소 및 민간 인증 기관

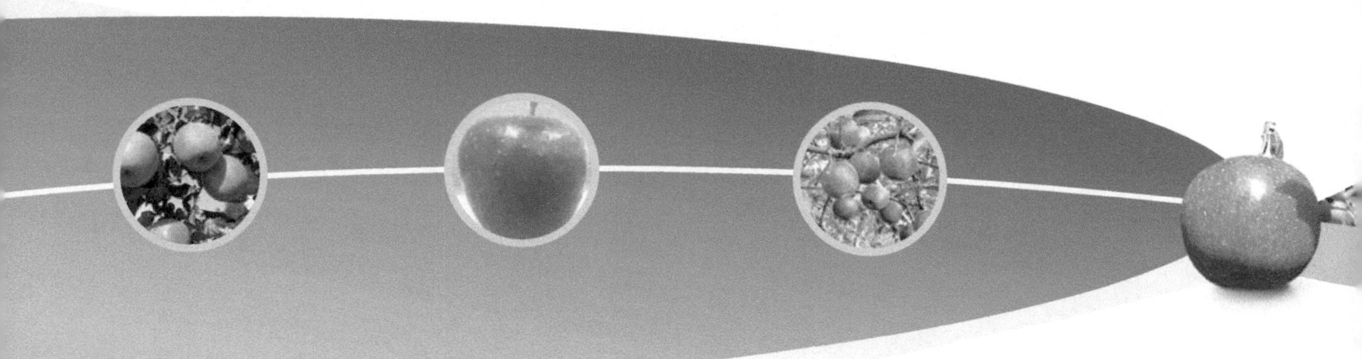

Manual of Organic Apple

사과 유기재배 매뉴얼

Manual of Organic Apple

www.nihhs.go.kr

Chapter 03

사과원 개원 및 재식

Chapter 03 사과 유기재배 매뉴얼 Manual of Organic Apple

사과원 개원 및 재식

가. 재배 적지 선정

[기후 조건]

가) 기온

(1) 평균기온

기온은 사과의 휴면, 개화, 결실, 성숙뿐 아니라 품질에도 영향을 준다. 사과는 북부 온대 과수로 연평균 기온이 8～11℃이고, 4～10월의 생육기 평균기온이 15～18℃ 정도인 지역이 적당하다.

(2) 겨울철 저온

연평균 기온으로 재배 적지지만 겨울의 기온이 너무 낮으면 동해가 발생하기 때문에 재배가 어려운 지역이 있다. 사과의 동해한계온도는 –30℃ 정도이지만 대목의 종류, 품종, 나무의 영양상태에 따라 다르다.

(3) 겨울철 고온

사과는 자발휴면이 자연상태에서 타파되기 위해서는 겨울에 일정한 저온을 접해야 한다. 7℃ 이하에 적산시간이 1200～1500시간 정도 경과하여야 봄에 발아, 전엽, 개화 등이 정상적으로 이루어진다.

(4) 만상

개화기와 만상기가 중복되는 지역에서는 꽃이 동사할 위험이 크다. 과수원 부지를 선택하는데 고려할 가장 중요한 기후적 요인은 온도이며, 여러 온도 특성에서 봄 서리 피해의 가능성이 제일 중요하다. 봄의 서리 피해를 최소화하는데 여러 방법들이 고안되었지만 가장 좋은 서리 방제 기술은 좋은 부지를 선택하는 것이다. 좋은 과수원 부지를 선택하는데 있어서 토양과 같은 많은 조건들이 고려되지만 그 지역이 '서리 상습지'라면 다른 어떤 장점들도 이 중요한 하나의 약점을 극복할 수 없다.

(5) 생육기 기온

사과가 개화해서 성숙하기까지는 일정한 온량이 필요하다. 적산온도: 일평균기온이 0℃ 이상인 날에서 일평균기온을 총합계, 유효적산온도: 일평균기온이 10℃ 이상인 날에 평균기온에서 10℃를 빼고 총합계, 온량지수: 월평균온도가 5℃ 이상인 달에서 월평균기온에서 5℃ 뺀 수치를 총합계한 것이다.

표 3-1 숙기별 유효적산온도와 온량지수

품 종	조생종		중생종		만생종	
구 분	유효적산 온도	온량지수	유효적산 온도	온량지수	유효적산 온도	온량지수
	800	55	1,000	65	1,200	75

연간 일조시간이 1600~1800시간인 지역에서 품질 좋은 사과를 생산한다. 광 부족은 탄소동화산물의 생산부족으로 이어져 새가지 신장이 불량해지고, 꽃눈분화와 과실비대 및 착색이 나빠지는 등 여러 가지 문제가 발생한다.

나) 강수량

우리나라는 영남 내륙분지의 약 1,000mm에서 남해안 일부지역은 1,600mm로 지역 간 차이가 크다. 생육기 강수량이 많으면 병의 발생이 많아져 재배가 어렵다. 배수불량 토양에서는 비가 많으면 습해가 발생하기 쉽다. 왜성대목을 이용한 밀식사과원에서는 관수가 필수적이므로 경사지 등 유효토심이 얕고 보수력이 약한 사질토에서는 반드시 관수시설을 갖춘다.

[토양 조건]

사과나무는 생장에 필요한 양분과 수분을 토양에서 얻는다. 따라서 유기물 함량이 높고 토심이 깊으며 배수가 잘 되는 곳으로 수질이 좋고 이용이 편리한 곳이 유기재배에 이점이 많다. 또한 소리쟁이, 쇠뜨기, 쑥 등 방제가 어려운 숙근성 잡초나 토양 병원균이 없는 곳이 좋다. 이들 토양조건 중 사과재배에 중요한 인자는 물빠짐, 토양유기물, 토양깊이, 토성, 통기성, 토양반응 등이 있다.

가) 유효토심(토양깊이)

유효토심은 표토 아래 암반층, 지하수위, 자갈층, 조립질의 순 모래층이나 경도 25mm이상의 단단한 토층이 나타나는 깊이까지로 정의하는 것이 일반적이다. 유효토심이 얕으면 물과 영양분을 저장할 수 있는 토양용적이 적어 과수의 지상부 및 지하부의 생육량이 줄고 수량이 떨어진다. 사과나무는 뿌리가 쉽게 자랄 수 있는 토층이 깊어야 뿌리의 발달이 광범위하게 된다. 따라서 비료분의 흡수 기회가 많아져 비료를 효과적으로 흡수할 수 있고, 겨울철 동해나 여름철의 고온장해를 받는 일이 적어진다. 사과원을 조성할 때는 유효토심을 60cm 이상으로 해야 한다.

나) 통기성

토양에 공기가 잘 통해야 한다. 토양공기 중에 산소가 충분히 공급되면 뿌리의 신장 및 양분과 수분의 흡수가 잘 되어 지상부의 생육도 좋아진다. 통기가 불량하면 산소가 부족하게 되어 호흡작용이 억제되고, 토양이 환원상태로 되어 여러 가지 유해물질이 축적된다. 따라서 뿌리의 생육이 저해되고 결국 양수분의 흡수 감퇴로 지상부의 생육도 불량해진다.

다) 토 성

토양 알갱이의 크기에 따라 점토, 미사, 모래로 나누어지며, 이들의 함량에 따라 사토, 사양토, 식토 등의 토성으로 구분된다. 사과나무의 생육은 토성이 갖는 토양의 물리적 성질에 따라 크게 달라진다. 점토 함량이 많은 식토에서는 보비력과 보수력은 크지만 수분 및 공기의 투과가 불량하기 때문에 사과나무의 생장이 크게 억제된다. 이와 반대로 모래가 많은 사토에서는 수분 및 공기의 투과는 좋지만 보비력과 보수력이 낮아 과수의 생장이 제한을 받게 된다. 따라서 통기성 및 보비력, 보수력의 면에서 사과나무 생장에 이상적인 토성은 점토함량이 중 정도인 양토~사양토이다.

참 고 : http//soil.rda.go.kr/soil 흙토람 토양환경지도 또는 비료사용처방에서 본인 사과원의 주소를 선택 확인 가능

라) 토양반응

사과나무의 생육에 적절한 토양반응은 pH 6.0 정도이다. 토양반응은 사과나무의 뿌리활력, 영양분의 용해도에 영향을 미쳐 생육에 크게 영향을 미친다. 우리나라는 여름 동안 많은 강우량에 의해 토양중의 탄산칼슘, 칼륨, 산화마그네슘(MgO), 산화나트륨(Na_2O) 등의 염기 유실량이 많아져 산성토양이 된다. 이와 같은 산성토양(pH 〈5.0) 내에서는 활성 알루미늄의 해작용에 의해 뿌리생육이 억제된다. 각종 양이온의 흡수를 방해하며, 인산의 효과를 저해하거나 칼슘(Ca)과 마그네슘(Mg)의 결핍을 일으킨다. 또한 망간(Mn)이 과다하게 흡수되어 생리장해를 발생시키는 요인이 된다. 하지만 최근에는 석회질 자재의 무분별한 사용으로 pH가 높은 사과원이 많아 미량요소 결핍이 우려되는 농가도 많은 실정이다.

[지형 조건]

국지 기상의 차이는 과실 품질과 병해충 발생에 영향을 주므로 유기재배 사과원 선택에 큰 영향을 줄 수가 있다. 나무 그늘, 높은 지형 및 건물 등으로 그늘이 지지 않아 빛을 오랫동안 받는 곳이 유기사과 생산지로 적합하다. 남향의 완경사지가 북향보다 빛이 두 배 많이 들어온다. 그러나 온도가 일찍 올라가기 때문에 발아가 빠르고, 꽃이 빨리 핀다. 개화가 빠른 품종은 저온피해를 받기가 쉽기 때문에 주의가 필요하다. 경사도는 미기상, 인건비, 기계화 등을 고려해서 10% 미만이 좋다. 교미교란제의 효과도 큰 면적(4ha 이상)의 격리되고 편평한 사과원에서 좋다. 호수, 댐 주변의 사과원은 안개로 인한 일조부족의 피해와 한낮에 생긴 수증기가 밤에 꽃눈, 잎눈 및 연약한 가지에 얼어붙어 동해 피해를 발생시킨다. 토양이 적합하다면 냉기가 잘 빠지는 약간 경사인 고지대나 구릉지가 좋다. 위치를 선정할 때는 봄철의 평균 역전온도, 기류, 풍속 등의 특성을 잘 고려해야 한다. 복사냉각에 의한 냉기류는 골짜기의 밑바닥을 향해 이동(상도)하므로 경사지 하단으로부터 15m 이내(상혈)에 사과원을 조성해서는 안 된다. 강한 바람은 나무 생육과 수량에 나쁜 영향을 미치므로 방풍림이나 방풍망을 설치한다. 이때 차가운 공기의 길목을 막지 않게 한다.

[기타 조건]

사과원이 다양한 지역 식물상에 의해서 둘러싸여 있어야 한다. 다른 사과, 배, 호두 과수원 또는 정원수로 심은 과수나무들과 최소한 800m 이상 격리된 넓은 블록이 좋다. 이는 해충의 이동이나 병원균 포자의 비산감염을 경감시키기 때문에 유리하다. 소음, 냄새, 농약비산으로 주민에게 피해를 주기 때문에 인구밀접지역에서 어느 정도 떨어져 있어야 한다. 직접 판매를 할 수 있게 잠재적인 고객 가까이에 선택한다. 유기농업에서는 손 적과와 제초작업에 많은 노동력이 필요하므로 적지 선택에서 고용노동자를 어떻게 어디서 구할 것인지 생각해야 한다.

나. 개원

유기재배에 적합한 개원 준비와 초기 생육 확보가 아주 중요하다. 사과의 유기재배에서 성목원과 관행원에서 유기재배로 전환하는 것은 상당히 어렵다. 따라서 묘목의 육성과 토양개량부터 시작하는 것이 좋다. 그 이유는 초기의 생육상태에 따라서 이후의 생육특성에 큰 영향을 주기 때문이다. 정식 후 유목기에는 해충의 저항성이 낮아 해충의 대발생과 잡초의 번무가 현저하게 된다. 잎이 피해를 받으면 유목의 생장이 현저히 나빠져 꽃눈분화가 늦어지고 이후에 수세가 회복되지 않아 병해충의 저항성이 낮아진다. 이 시기에 있어서 잡초관리와 병해충 방제에 특히 주의가 필요하다. 묘목의 건전한 생육을 확보하는 위해서 묘목기를 길게 하여 묘포원에서 건전한 묘목을 육성한 후에 정식하는 방법이 바람직하다. 그러나 우리나라에서는 일반 관행으로 묘목이 생산되고 재식 후 유기농자재 처리에 의한 초기 생육이 나쁜 경우가 많아 적절한 수관확보에 상당한 어려움이 있다. 따라서 현 상황에서는 2~3년은 저농약 수준으로 나무를 관리하여 수관을 확보하고 이후 전환기를 거쳐서 유기재배로 나가는 것이 좋을 것으로 생각된다.

①계획수립 → ②기반조성 → ③배수시설 → ④토양개량 → ⑤토양 안정화 →
⑥지주설치 → ⑦재식 → ⑧수분수 혼식 → ⑨재식 후 일반관리

[기본계획 수립]

개원에 필요한 온갖 요인들을 종합하여 과수원의 형태를 구상하고, 구체적인 작업계획을 세운다.

[과수원 조성]

가) 토양정지 및 기반조성

기계화가 가능한 농로정비, 관 · 배수(灌排水) 시설, 용수(用水)의 확보, 바람이 심한 곳은 방풍망(림) 설치 등 개원에 필요한 토지의 기반정비를 철저히 검토한다. 이때 농기계 사용 가능한 경사각도(10~12°)를 고려하여 정지한다. 재식열은 약제살포용 고속분무기 또는 트랙터 등에 의한 작업능률과 바람, 지형에 따른 냉기류의 이동방향을 고려하여 결정한다. 경사가 급한 경우는 경사면에 직각으로 등고선 방향을 따라 만든다. 기계화 및 작업성을 고려해 구획을 설정하고 농로를 배치한다. 농로 폭은 주농로 4m, 지선농로 3m 정도가 좋다. 지하수위가 높은 곳, 수직배수 불량지는 재식열 바로 아래에 유공파이프(100~150mm)로 암거배수 시설을 한다(그림 3-1). 지하수위가 문제가 될 때는 1.0~1.2m 내외로 깊게 설치하고 뿌리 부근의 토양 중에 물을 제거할 때는 60~80cm 깊이에 설치한다. 또한 생육기에 강우가 고르지 못하여 강우량이 적은 시기에 대비하여 관정이나 저수용 탱크 설치 등을 통한 수원(水源)확보와 동시에 관수시설의 설치가 필요하다.

〈그림 3-1〉 암거배수 설치 위치 및 방법

나) 토양개량

심기 전에 사과나무가 잘 자랄 수 있는 조건과 다양한 미생물상을 만들어 토양을 향상시킨다. 암거배수 시설이 완료되면 토양화학성과 토양 물리성 개선을 위해 용적밀도(가밀도) 측정한다. 토양 시료채취는 과수원이 평탄지로 토성이 같거나 비옥도가 균일할 때는 차이가 적지만 경사지이거나 비옥도가 다를 때 또는 2~3개의 토성으로 구성되어 있을 때는 비옥도가 다르기 때문에 토양시료를 구분해서 채취한다. 토양시료의 채취는 포장을 대각선 또는 경사가 심하면 상부와 하부를 구분하고, 깊이는 표토(0~20㎝)와 심토(20~40cm)를 구분하여 토양이 균일하면 5~10개소에서 채취한다. 토양시료 채취기(auger)가 있으면 깊이별 채취하는데 편리하지만 그렇지 못하면 삽을 이용하여 표토를 잘 긁어내고 원하는 깊이의 흙을 채취하여 깊이별 각 1개 비닐봉지에 담아서 가까운 지역 농업기술센터에 분석을 의뢰한다. 과수원 전체를 깊이 60cm까지 개량을 목표로 한다.

표 3-2 토양 개량 목표(일반 관행원 참고)

농촌진흥청

항 목		목 표 치
물 리 성	유효토심(有効土深)	60cm 이상
	근군이 분포된 토층의 굳기	22mm 이하
	지하수위(地下水位)	지표하 1m 이하
화 학 성	pH(H2O)	6.0~6.5
	유효인산함량	200~300mg/kg
	염기포화도	60~80%
	석회(칼슘)함량	5~6cmol/kg 이상
	고토(마그네슘)함량	1.5~2.0cmol/kg
	칼리함량	0.6~0.9cmol/kg
	마그네슘/ 칼리비율	당량비로서 2이상
	붕소함량	0.3~0.5mg/kg정도
유기물 함량		25~35 g/kg

과수원 전체를 개량하는 것을 목표로 하면서 먼저 나무가 심겨질 열을 집중적으로 토양물리성을 개량한다. 물리성 개선의 주안점은 삼상분포의 개선이다. 효과적으로 퇴비를 사용하려면 토양의 가비중의 개선함으로서 그 목적을 실현하는 것이다. 가비중은 수분을 제거한 흙 즉 고상의 무게를 전체의 용적으로 나눈 것이다. 가비중의 수치가 큰 토양은 고상 부분이 많고 그 대부분을 점토나 모래 같은 광물이 차지하며 부식이 적은 토양이다.

가비중 1.0~1.2를 개량목표로 삼는다. 이를 위해 퇴비를 주어 무거운 토양을 가볍게 만드는 동시에 유기물의 부식화와 공극의 발달을 도모하는 것이 물리성 개선이다. 토양삼상 및 가비중 조사는 지역 농업기술원, 기술센터 및 연구소를 통해서 조사한다. 조사 시기는 비가 20~30mm 내린 후 중력수가 배제된 1일 후에 100ml 코어로 토양을 채취해 측정한다. 목표로 하는 가비중 1.0~1.2가 되게 비중 조절을 위해 퇴비 시용량을 계산한다. 이때는 퇴비는 미리 유기재배 허용자재(톱밥, 수피, 산야초) 등의 비율을 높여 질소 함량이 1% 이하이며 완전히 부숙시켜 가비중이 가벼운 것을 시용한다.

퇴비 투입량(용적)

= 현재 가비중 – 목표 가비중/현재 가비중 – 퇴비 가비중 × 10a 당 개량깊이에 따른 토양의 용적

예를 들어 현재의 가비중이 1.5이며 1.2으로 낮춘다.

현재의 퇴비의 가비중은 0.2이며 용적중은 0.4인 퇴비가 준비되어 있다.

사과원 10a(1,000㎡) 깊이 20cm까지 개선이면 토양의 용적 1,000 × 0.2=200㎥

– 퇴비 가비중 = 수분제거한 퇴비의 무게/전체 용적

예: 100ml 에 퇴비를 담고 105℃에서 수분을 날린 후 무게

– 퇴비 용적중 = 퇴비 전체 무게/ 전체 용적

계산 1.5 – 1.2/1.5 – 0.2 × 200 = 46㎥

중량은 46㎥ × 0.4 = 18톤

실제 전면에 시용할 경우에는 위와 같이 10a에 많은 퇴비가 들지만, 재식열 2m 폭으로 집중적으로 퇴비를 살포할 경우는 실제 투입량은 계산량의 1/2정도가 된다.

토양반응 개선은 토양 30cm 깊이까지 pH를 6.0까지 올리는 것을 목표로 하여 미리 pH를 조사한 다음 석회 시용량을 결정한다. 천연석회(탄산칼슘)인 석회석, 석회고토, 패분, 패화석을 200~300kg/10a 기본으로 가감한다. 만약에 pH가 높을 경우에 토양 pH를 낮추는 일반적인 방법은 황가루를 시용하는 것이다. 농촌진흥청에서 범용적으로 추천하는 황시용량은 보통 시설토양에서 pH 7.5를 6.5로 1.0을 낮추기 위해서는 황가루를 식토에서 130kg, 양토에서 80kg, 사양토에서 40kg/10a 시용토록 추천하고 있어 참고하면 된다. 황에

의한 토양산도 교정효과는 1년 정도 걸리기 때문에 황시용은 사과나무 심기 1년전에 마쳐야 한다. 인산 시비량은 개간지의 경우 토양검정을 통하여 부족한 양을 인광석, 골분 등으로 보충한다. 토양 개량방법은 먼저 유기물과 토양 개량제를 반 정도 시용하고 트랙터로 충분한 깊이로 수회 경운한 다음 로타리를 하여 토양과 골고루 섞이도록 한다. 나머지도 같은 방법으로 시용하여 개량한다.

다)토양 안정화

토양개량 후 바로 재식하면 시일이 경과함에 따라 부분적으로 토양이 가라앉아 이후 물이 고이는 등 관리가 불편할 수 있고, 투입된 개량제에 의하여 나무마다 생육차이, 과다생육 등의 문제가 발생할 수 있다. 만약 토양 물리성을 개선할 목적이면 적어도 2년 정도 콩과 및 볏과를 혼합한 녹비를 재배하는 것이 이상적이다. 토양 물리성이 양호하다면 1년 정도로도 충분하다. 유럽에서 널리 이용하는 방법은 목초를 2~3년 길러 갈아엎는 것이다. 목초는 흰토끼풀과 같은 키가 아주 작은 것과 톨페스큐, 귀리와 같은 중간 정도인 것 및 해바라기나 수단그라스와 같이 키가 큰 종자를 함께 섞어 기른다. 키가 큰 목초가 어느 정도 자라면 연간 1~2회 베어준다. 가을이 되면 로타리 치는 것을 2~3년 정도 반복한다. 미국에서 추진하는 방법으로 10a당 옥수수 2kg, 잠두 2kg, 베치 2kg, 완두 2kg. 해바라기 0.5kg, 사료용 귀리(연맥) 5kg 혼합해서 4월 중순~하순에 파종해서 7월 하순에 예취하여 1~2일 건조한 후에 갈아엎으면 치밀한 식토 개량에 좋은 결과를 얻었다. 2번째 파종은 10a당 건조에 잘 견디는 완두 2kg, 베치 2kg, 메밀 0.2kg, 버심클로버 0.4kg, 당아욱(mallow)0.1kg, 파셀리아(phacelia) 0.2kg 혼합해서 늦어도 8월 중순까지 파종한다. 또는 선충을 억제하는데 효과가 있는 것으로 10a당 파셀리나 0.4kg, 메밀 0.4kg, 버심클로버(berseem) 0.2kg, 흰겨자(갓) 0.2kg를 혼합해서에 8월 중순 이전에 파종한다. 이들은 겨울 초생 식물(winter cover crop)로 이용한다.

사과연구소의 시험결과 수단그라스, 베치, 해바라기, 연맥을 혼파한 것이 수단그라스만 파종한 것보다 토양물리성이 좋았다. 선충을 억제하는 것으로 국내에서 추천하고 있는 네마장황을 추가하는 것도 좋을 것으로 생각된다(그림 3-2). 녹비작물 재배의 중요성은 개량된 부분까지 뿌리가 들어감으로써 토양개량 효과가 오래 지속되며, 자람새로 보아 생육이 나쁜 부분은 추가로 퇴비를 시용하여 토양의 비옥도를 고르게 할 수 있는 이점이 있다.

〈그림 3-2〉 수단그라스, 베치, 해바라기, 연맥 혼파 및 예취

라) 지주시설

재식 후에 바람이나 기타 물리적인 힘에 의하여 나무가 흔들리거나 넘어지지 않게 하기 위하여 재식 전에 설치한다. 지주는 개별지주, 철선울타리(trellis)식 지주 중 조건에 맞는 지주를 선택한다.

마) 관수 시설

기본계획에 의거 용수원 확보, 저수용 탱크 설치와 관수시설을 구비한다.
관수시설은 점적관수를 기본으로 하고, 수직배수가 잘되는 토양에서는 수하식 미니스프링클러 등 관수 범위가 넓은 관수자재를 이용한다.

주 배관은 작업에 지장을 주지 않도록 재식열의 가장자리를 따라 지면에서 30㎝ 정도 깊이로 설치하고, 재식열마다 관수관을 배치한다. 점적관수인 경우는 지하에 매설하는 방법이 있다. 이 경우 물의 이용효율은 높지만 점적공으로 뿌리가 침입하는 수가 있으므로 조치를 한 후 설치하고, 지상부에 깔아주는 경우는 나무밑 제초 작업시 작업기에 손상될 우려가 있으므로 지면에서 30~40㎝ 높게 지주에 연결하여 준다. 미니 스프링클러를 이용할 경우는 관수 배관을 1.5m 정도 높이로 지주에 고정하고 분사구는 지면에서 60㎝ 높이 전후로 늘어뜨려 관수토록 한다.

다. 재식

[묘목의 준비]

사과나무는 한번 심으면 오랜 기간 재배되므로 좋은 묘목을 심어야 한다.

가) 좋은 묘목의 구비조건은 다음과 같다.

· 품종이 정확해야 한다.
· 대목은 자근으로 잔뿌리가 많고, 심을 토양에 알맞아야 한다.
· 병해충이 없어야 한다. 묘목에 붙어있는 병 · 해충은 날개무늬병, 근두암종병(根頭癌腫病), 면충 등을 들 수 있다.
· 웃자라지 않은 묘목이어야 한다. 즉 마디가 굵고 짧으며 충실한 잎눈이 붙어 있어야 한다. 그리고 밀식재배용 묘목은 다음의 조건이 추가되어야 한다.
· 대목은 M.9로 하고, 토양이 척박한 곳에서는 M.26도 이용한다.
· 재식 후 토양이 안정된 상태에서 대목이 15~20cm 정도 노출시킬 수 있어야 한다.
· 묘목은 접목부위 위쪽 10cm 위치의 줄기 직경이 11mm이상이면 적합하다.
· 접목부위에서 40cm 위 부분부터 길이 30~60cm의 측지가 다수 발생된 묘목이면 좋다
· 측지는 분지각도가 넓고 세력이 너무 강하지 않으며 공간적으로 고르게 위치하면 좋다.
· 가능하다면 바이러스 무독 묘목이어야 한다.

나) 묘목 준비

묘목은 기본계획에 준해 소요주수를 수분수와 함께 묘목생산업체에 주문하거나 자가 생산의 경우 재식 이전에 우량묘를 만든다.

[재식시기]

묘목의 재식시기는 낙엽이 진 후 땅이 얼기 전에 심는 가을심기와 이듬해 봄에 땅이 풀린 다음 심는 봄심기가 있다. 우리나라는 겨울이 춥고 건조하여 동해를 받을 위험이 있어 봄심기를 추천하고 있다. 봄심기는 뿌리가 활동하기 전인 이른 봄에 토양이 해빙되면 즉시

재식해야 하는데 늦어도 3월 중하순까지는 심는다.

[재식거리 결정]

재식거리는 품종의 수세, 대목의 왜화도, 묘목의 곁가지 발생정도, 토양 비옥도, 목표 수형, 작업성(농기계 이용), 생산성, 재배기술 수준 등을 고려하여 작업에 지장이 없는 범위 내에서 최대의 결실면적을 확보하는 방향으로 설계한다(표 3–3). 열의 가장자리는 작업기 회전에 지장이 없도록 4~5m의 거리를 둔다.

표 3–3 대목별 지력과 품종을 조합한 경우의 추천 재식거리

대 목	지 력	품 종	재식거리(m)	재식주수(주/10a)
M.9	중	쓰가루 등	3.2×1.2	260
		후 지	3.5×1.5	190
	고	쓰가루 등	3.8×1.5	190
		후 지	3.8×1.8	146
M.26	중	쓰가루 등	3.8×1.8	146
		후 지	4.0×2.0	125
	고	쓰가루 등	4.0×2.0	125
		후 지	4.5×2.5	89

지력 고 : 유효토층 80㎝ 이상, 지력 중 : 유효토층 60㎝ 전

[재식 전 묘목의 처리]

재식 전에 뿌리혹병 방지를 위해 1% 구리용액에 담근다. 또는 하루 밤이나 반나절 동안 뿌리를 황토물 또는 물에 담가 흡수시킨 후 재식하면 생육이 촉진된다(Lind 외, 유기과수재배, 1999).

[재식]

재식구덩이는 토양개량이 된 상태이므로 뿌리를 충분히 펼쳐 심을 수 있는 크기로 한다. 재식은 뿌리가 마르지 않도록 주의하면서 접목부위를 안정상태에서 10~20cm 노출되게 하고 뿌리를 잘 펴면서 심는다. 재식 후 뿌리부분에 물기가 충분히 도달할 수 있게 충분히 관수하고, 나무를 지주에 고정한다(그림 3-3).

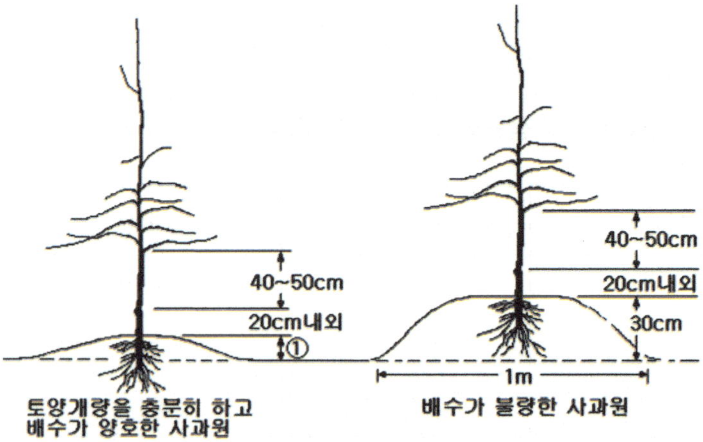

〈그림 3-3〉 토양의 배수 조건에 따른 재식방법

[수분수 심기]

재배품종의 경우는 수분관계를 확인하여 품종별로 구획(블록)으로 배치하며, 이때는 4줄을 넘지 않게 한다. 꽃사과를 수분수로 이용할 경우, 심는 간격은 10주 사이에 추가로 심되 이웃 재식열과는 다이아몬드형(◇)이 되도록 어긋지게 배치한다. 꽃사과는 크게 자라지 않으므로 M.9 또는 M.26대목 중 어느 대목에 접목해도 좋다. 수분수가 단일 품종일 때는 그해의 기상조건에 따라 개화기가 상이하거나 짧을 수도 있어 수분수의 역할을 다하지 못할 경우가 있으므로 개화시기가 다른 2~3품종을 섞어서 심어 준다.

[재식 후 관리]

곁가지를 유인해 주되 세력이 강한 것은 유인각도를 크게 한다. 묘목 상단부에 주간연장지와 경쟁하는 가지는 제거하고, 이 부분에 곁가지를 확보하기 위하여 발아 전까지 상단을 수평 유인하거나 아상처리한다.

비료분이 부족할 것으로 판단되면 새가지 발생 초기에 액비 등을 관주해 준다. 이후 관수와 병해충 방제를 철저히 해야 한다.

[참고 자료]

- 국립원예특작과학원. 2013. 사과재배(농업기술길잡이 5). 농촌진흥청.
- http//www.nongsaro.go.kr
  - · 농업기술 → 농업기술정보 → 영농활용기술.
- http://www.kma.go.kr
  - · 관측자료 → 연월보자료 → 기상연월보나 방재기상연월보에서 찾고자하는 지역 확인
  - · 기후자료 → 기후도 → 1981~2010년(30년 평균) 기상 자료를 확인
- K. Lind, G.Lafer, K. Schloffer, G. Innerhofer and H. Meister. 1999. organic fruit growing. CABI publishing.
- 주요 과수 재배 지대의 기후 특성. 1990. 농촌진흥청. 농업기술연구소.
- 과수 재해양상과 대책. 2002. 농촌진흥청. 원예연구소.
- Sean L. Swezey, Santa Cruz, Paul Vossen, Janet Caprile and Walt Bentley. 2000. organic apple production manual. university of california.

사과 유기재배 매뉴얼

Manual of Organic Apple

Chapter 04

대목 및 품종

가. 대목
나. 품종
다. 꽃사과
라. 묘목 준비

대목 및 품종

유기재배에서 토양개량과 함께 중요한 것은 품종 선정이다. "품종에 이기는 기술은 없다"라는 말과 같이 병해충 대책을 합성농약에 의존하지 않는 유기재배에서 품종선택이 성공여부를 결정하게 된다. 국가기관에서 육성한 품종은 주로 품질개량에 목표를 두기 때문에 내병성 등의 유용형질을 가진 개체도 품질이 나쁘면 도태되어 유기재배를 목표로 육성된 품종은 없는 실정이다. 하지만 옛날부터 재배되고 있는 품종 또는 최근에 육성된 품종 중에 내병성이 우수하고, 재배가 쉬워 유기재배가 가능한 품종을 찾아내는 것이 가능하다. 관행재배 지침에는 품종별 특성은 소개되어 있지만 유기재배 관점에서 정보는 상당히 적은 실정이다. 따라서 앞선 유기재배자의 정보와 본인이 시험으로 확인하는 것이 필요하다. 특히 병 · 해충, 기상재해에 의한 피해 손실경감과 노동력 배분을 생각해서 조만성(早晩性), 수량성과 품질특성 등이 다른 다수 품종을 조합해서 재배할 필요가 있다.

가. 대목

[대목의 중요성 및 구비조건]

품종(접수품종)에 못지않게 중요한 것이 대목 선정이다. 이는 대목의 종류에 따라 정지 · 전정 방법이 달라지며 또한 결실관리, 토양관리, 수형 구성 방법 등이 달라진다. 따라서 사과대목의 특성을 파악하는 것은 사과재배에 있어서 무엇보다도 중요한 일이라 하겠다. 우량대목의 검토요인으로는 흡지발생 정도, 접목친화성, 내한성, 병해충 저항성, 내스트레스성 등 대목의 고유특성과 왜화도, 과실의 생산성과 품질 등이 있다. 또한 잡초경합에 대한 내성과 양분 흡수능의 개선 외에도 지주 없이 충분히 지지력을 가지는 것은 유기 과수 재배가들의 관점에서 중요하다.

[사과 대목 선택]

대목이 확실한가 알아본다. 사과대목이 어떤 품종인가를 분명히 파악할 필요가 있다. 또한 대목길이가 적정한가, 자근대목인가, 이중대목인가도 확인해야 한다. 엠9(M.9) 자근대목의 경우 심을 때 대목은 10~20cm 정도 노출되는 것이 적당하다. 대목이 너무 길면 깊이 심어지거나 대목노출이 과다하여 수세가 지나치게 쇠약해질 우려가 있다. 짧을 경우는 노출 부족으로 접수품종 자체에서 뿌리가 발생하여 적정 왜화효과를 볼 수 없을 경우도 있다. 대체로 지하부를 포함하여 대목길이는 40cm 내외가 좋은데 재식후 지상부 노출 대목길이가 10~20cm 내외이면 적당하다. 이중접목묘인 경우는 자근대목묘에 비하여 왜화효과가 떨어진다. 더구나 근계(根系)대목이 실생인 경우는 나무간에 수세 차이가 나기 쉬워 나무크기가 균일하지 않다. 또한 흡지가 많이 발생하여 관리가 불편하고 면충과 방패벌레의 온상이 되기도 한다. 따라서 자근대목의 묘목을 구입하는 것이 원칙이다.

[주요 왜성대목의 특성]

가) M.9(엠9)

M.9 대목의 왜화도는 실생대목의 25~35% 정도이다. 토심이 깊은 양토가 적합하며, 사질토양이나 토심이 얕은 곳에서는 수세 저하가 심하다. 건조하거나 배수가 불량한 경우에는 관 · 배수시설이 반드시 필요하다. 특징은 조기결실성 및 대과 생산이 가능하고, 숙기도 일반대목에 비해 7일 정도 빠르다. 삽목발근은 매우 어렵지만 묻어떼기(성토 및 횡복법)에 의해 번식이 가능하다. 또한 대목부분이 접수부분보다 굵어지는 대승(臺勝)현상과 기근속(氣根束)이 다소 발생한다. 뿌리는 수피(樹皮)가 두껍고 부러지기 쉬우므로 지지력(支持力)이 매우 약하다. 따라서 M.9 대목의 사과나무는 반드시 지주를 세워야 한다. M.9 대목은 역병에는 비교적 강하지만, 면충에는 약하고 마그네슘 결핍에 민감하다. 내한성(耐寒性)은 M.26보다 다소 약한 편이나 건실하게 재배하면 우리나라 중부이남 지방에서는 문제가 없을 것이다. M.9 대목에는 다음과 같이 왜화도(나무크기), 발근력(휘묻이 번식시) 및 접수품종의 결실성과 과실특성에 상당한 영향을 미치는 많은 영양계들이 알려져 있다.

〈주요 M.9 영양계 대목들의 특성〉

① M.9 T-337(엠9티337)

네덜란드 와게닝겐대학에서 엠9에서 바이러스를 무독화하여 4계통(T-337, T-338, T-339, T-340)을 선발한 것들 중 가장 우수한 계통으로 현재 유럽에서 가장 널리 이용되고 있는 계통이다. 묻어떼기에 의한 번식도 양호하다. 우리나라에서 가장 많이 이용되는 계통이다.

② M.9EMLA(엠9엠라, 혹은 EMLA M.9)

M.9EMLA는 이스트말링과 롱 아쉬톤(Long Ashiton)의 두 시험장에서 공동으로 육성한 계통으로 표준 M.9보다 다소 크게 자라고, 동해에는 약하다. M.9A(엠9에이)를 무독화시켜 육성한 계통과 본래의 M.9을 무독화시킨 계통이 있다. M.9EMLA Reserve(엠9엠라 리저브)라는 계통은 왜화효과가 50%나 떨어져 본래의 M.9를 무독화 시킨 것이 최근 사용되고 있다.

③ M.9 NIC-8, 19, 29(엠9닉-8, 19, 29)

닉(NIC)계통은 벨기에의 니콜라이 묘목회사가 M.9에서 선발한 영양계이다. 번식이 잘되고 균일한 생장을 보이며, 접수 품종과 친화성이 양호하고 M.9보다 수량이 많은 것이 장점이다. 나무세력은 8, 19, 29 순으로 커진다.

④ M.9NAGANO (엠9나가노= M.9-)

일본 나가노과수시험장에서 고접병 바이러스(Apple Chlorotic Leaf Spot Virus : ACLSV)를 무독화한 것으로 M.26보다 왜화효과와 과실생산 효율이 우수한 것으로 알려져 있다.

⑤ Pajam 1(파잠1), Pajam 2(파잠2)

프랑스 CTIFL 과수시험장에서 Paradise Jaune de Metz로부터 선발하여 1981년에 virus를 무독화하여 Pajam 1(Lancep), Pajam 2 (Cepiland)라 명명하였다. 특히 Pajam 1은 왜화효과가 뛰어난 것으로 알려져 있다. 일반 M.9 보다 다소 세력이 강하나 M.9EMLA보다는 10%정도 더 왜화된다. 바이러스 무독으로 묻어떼기에 의한 번식이 잘된다. Pajam 2는 세력은 M.9EMLA와 비슷한 것으로 알려져 있고, 번식력은 일반 M.9 보다 우수하며 수분(水分)이 많은 곳에서 M.26을 대체할 만한 대목으로 평가되고 있다.

나) M.26(엠26)

M.16에 M.9를 교배하여 1929년에 영국에서 선발되었다. 우리나라와 일본에서 이중대목방식으로 가장 많이 이용하고 있으며 왜화도는 실생대목의 40~50% 정도이다. M.9보다 토양적응성이 넓다. 사질토양에서는 수세쇠약이 심하므로 반드시 관수시설이 필요하다. 토심이 깊은 양토에서는 나무가 너무 크게 자라므로 밀식장해가 종종 발생한다. 과실은 크고 착색, 식미 모두 양호하며 M.9 정도로 숙기가 빠르다. 발근이 잘되어 비교적 번식이 쉽지만 뿌리가 약해 지주가 필요하다. 지상에 노출된 대목이 길 경우 기근속 발생이

심하여 수세쇠약의 주요 원인이 된다. 역병에는 비교적 약하나 내한성은 M.9나 M.7보다 강하다. 조나골드, 홍로, 양광, 산사 등 일부 품종이 접목되었을 때에 접목 부위에 혹 증상이 발생하여 수세가 쇠약해지므로 이들 품종은 M.26 대목을 피해야 한다.

표 4-1 **사과대목 종류별 왜화도**

극왜성 (30%이하)	왜성 (30~55%)	준왜성 (55~65%)	준교목성 (65~85%)	교목성 (85%이상)
M.27	P.2	V.5-2	Bud.490	M.25
P.16	CG.10	CG.24	MM.106	MM.104
V.5-3	M.9EMLA	M.7	M.2	MM.109
P.22	V.5-1	P.1	M.4	MAC.24
Bud.146	Bud.9	V.5-4	MM.111	실생
Bud.491	O.3	G.30	P.18	
Mark(MAC.9)	MAC.39		A.313	
M.9	M.26		Bud.118	
G.65	V.5-7			
	G.11, G.16			
	JM.7			

다) G.(지) 계통

미국 코넬대학에서 초기에 육성한 대목으로 화상병에 저항성이다. G.11은 M.26에 Robusta 5를 교배하여 육성하였다. 나무크기는 M.26과 비슷하거나 약간 크다. 조기결실성이고 생산성이 좋다. 증식포에서 쉽게 번식이 되고, 기근속이 거의 없고, 흡지 발생도 적은 편이다. G.16은 Ottawa 3에 Malus floribunda를 교배하여 육성되었고, 나무크기는 M.9와 비슷하다. G.30은 Robusta 5에 M.9를 교배하여 육성되었고, 나무크기는 M.7와 비슷하나 조기결실성이고 생산성이 우수하다. G.65는 M.27에 Beauty Crab를 교배하여 코넬대학에서 육성하였다. M.9에 비해 나무가 작게 자라고 조기결실성이고 생산성도 좋다. 기근속과 흡지발생이 적다.

라) P.(피) 계통

P계통은 M.9에 내한성이 강한 Antonovka를 교배하여 폴란드에서 육성하였다. 내한성과 역병에는 강하나 사과면충에는 약하다. 번식력은 M.9보다 떨어진다. P.2는 M.9에 비해 나무가 약 20% 정도 작게 자란다. 지지력이 약하여 지주를 세워야 한다. 내동성은 P.22, O.3, B.9과 같이 M.9보다 강하다. P.16은 극왜성대목으로 M.27보다 약간 크게 자라고 P.22 보다는 약하다. 번식력은 M.9와 비슷하다. 내동성은 M.9와 비슷하고 P.22 보다 약하다. 기근속은 없으나 흡지발생이 많다. P.22는 M.27과 비슷하거나 다소 크다. 조기결실성이고 수량성이 높다. 내동성도 M.9보다 우수하다.

마) Bud.(버드) 계통

Bud.계통은 M.8에 Red Standard를 교배하여 구소련에서 육성하였다. 왜화도가 M.9와 비슷하거나 약간 더 큰 편으로 조기결실성이고 수량성이 높다. 역병에 저항성이고 내한성이 극히 강하나 화상병과 사과면충에는 약하다. 번식은 M.9 보다 쉽다. Bud. 9은 왜화도가 M.9와 비슷하거나 약간 더 큰 편으로 조기결실성이고 수량성이 높다. 내동성이 있는 기대할 만한 대목이다.

바) JM.(제이엠) 계통

JM 계통은 일본 과수시험장 사과지장에서 환엽해당에 M.9를 교배하여 육성하였다. 삽목번식성이 우수한 것이 특징이다. JM.1은 왜화도는 M.9EMLA정도이고 과실생산성은 M.9EMLA와 M.26 보다 다소 높다.
내습성이 비교적 강하고 역병, 검은별무늬병 및 사과면충에 저항성이 있다. JM.2는 M.26EMLA보다 다소 커지는 왜화성을 나타내고, 과실 생산성은 M.26EMLA보다 다소 떨어진다. 내수성은 환엽해당 정도로 강하고 역병에 저항성이 있으나 사과면충에는 약하다. JM.5는 M.27 정도 또는 그 이상의 왜화도를 보인다. 과실 생산성이 높고 과실크기는 M.9EMLA와 M.26 보다 다소 작다. 내습성이 비교적 강하고 역병과 사과면충에 저항성이 있다. 삽목번식이 가능하고 흡지가 발생하기 쉽다. JM.7는 JM1과 비슷하고 삽목번식이 극히 잘되고 내습성은 환엽해당과 같은 정도이다. 역병과 사과면충에 저항성이 있다. JM.8은 왜화도는 M.9EMLA정도이고 과실 생산성은 M.9EMLA와 M.26 보다 다소 높다. 내습성은 다소 약하다. 역병, 검은별무늬병 및 사과면충에 저항성이 있다. 일본에서는 수세가 약한 품종과 지력이 낮은 토양조건은 JM7, 수세가 강한 품종과 지력이 높은 토양조건은 JM1이 권장되고 있다. JM대목의 다수가 고접병에 걸리기 쉽기 때문에 무독 접수이용이 필수이며 문우병과 부란병은 이병성이다.

사) O.(오) 계통

O.3는 캐나다 오타와에서 M.9에 Robin을 교배하여 육성하였다. 나무크기는 M.9와 M.26의 중간정도이고 조기결실성이고 수량성도 높다. 과실도 대과이다. 동해에 매우 강하다. 번식이 어려워 상업적 이용에 문제점이 있다.

아) Jork 9(요크 9)

독일의 Jork에서 M.9의 자연교잡실생에서 선발된 대목이다. virus 무독 M.9보다 약간 작다. M.9보다 증식이 잘되고 내동성도 강하다. 화상병에 극히 민감하나 역병에서 저항성이다. 기근속이 발생이 심하나 접목 친화력이 좋고 접목한 품종에서 덧가지 발생이 잘된다.

자) 일반대목

(1) 삼엽해당(三葉海棠, 아그배나무) : 삼엽해당은 대엽계(大葉系)와 소엽계(小葉系)가 있으며 주로 대엽계가 이용되고 있다. 종자의 발아력이 양호하고, 접목친화성이 높으나 뿌리는 세근이 적고 근계가 가늘고 길어 흡비력이 약하며 건조에 약하다. 부란병과 문우병에 저항성이지만 적진병, 근두암종병, 면충 등에 약하다. 고접 때는 스템피팅(stem pitting)바이러스에 의한 고접병이 발생되기 쉽고 조피병에 잘 걸린다.

(2) 환엽해당(丸葉海棠) : 수자(樹姿)가 직립성과 하수성인 계통이 있지만 하수성인 것이 직립성인 것보다 삽목발근성이 양호하다. 사과 면충에 대한 저항성이 강하고, 내습성 및 내한성(耐旱性)이 우수하며 토양적응 범위가 넓다. 고접시에 크로로틱리프(chlorotic leaf) 바이러스에 의한 고접병에 잘 걸리고 흡지 발생이 많다.

표 4-2 사과대목 종류별 번식력, 지지력, 흡지발생 및 내한성 정도

대 목	영양계 특성 평가(1~9) ※							
	번식력	지지력	흡지발생	내한성	역병	화상병	흑성병	면충
M.7	9	6	7	7	중강	강	중	약
M.9	7	2	2	5	강	약	중	약
M.13	8	8	–	5	–	–	–	–
M.26	9	7	2	7	중약	약	중	약
M.27	7	1	2	5	강	중약	중	약
MM.104	8	6	3	5	–	–	–	–
MM.106	8	8	3	4	중약	중	중	강
MM.111	8	8	3	6	중	중	중	강
O.3	5	4	2	8	강	중약	약	극약
P.1	8	7	3	8	중강	중약	약	중약
P.2	7	5	2	8	강	중약	약	중약
P.18	6	7	2	9	강	중강	약	약
P.22	7	5	2	8	강	중약	약	중약
Bud.9	3	4	2	8	극강	약	중	약
Bud.490	8	5	2	8	중강	중	중	중약
Bud.491	8	5	5	9	중약	약	중	약
Robust.5	3	8	3	8	중강	강	강	극강
JM 2	8	–	–	–	극강	–	–	극강
JM 5	9	–	–	–	중	–	–	극약
JM 7	8	–	–	–	강	–	–	극강
JM 8	9	–	–	–	극강	–	–	극강

※ 1 = 최소 · 최저 · 최하, 9 = 최대 · 최고 · 최상

나. 품종

좋은 품종을 고르는 것은 유기농 사과 재배자에게 가장 중요한 선택이다. 그 품종들은 특정한 기후에 잘 적응을 해야 하고 소비자의 요구에 충족되어야 한다. 사과 유기재배에서 병에 대한 허용자재가 제한되고 황, 구리 등 유기자재가 반복적으로 사용되기 때문에 재배자는 적은

횟수의 병 방제로 재배할 수 있는 병해충에 대한 저항성 품종의 선택이 중요하다.

[유기재배를 위한 사과 품종 선택 기준]

가) 판매 전략에 따른 품종 선택

판매는 품종의 선택에 직접적으로 영향을 준다. 일단 판매 전략이 결정되면 경제적 성공을 보장하기 위하여 적어도 나무의 수명 동안(즉 15년)은 그 전략은 일정하게 고수해야 한다.

개인적 선호와 노동 이용성과는 달리 사과를 도매로 팔 것인지 또는 소비자에게 직거래로 팔 것인가를 결정하는 것이 품종 선택에도 중요하다. 예를 들어 소비자에게 직거래를 한다면 여름 품종부터 오래 저장되는 품종까지 다양한 범위의 품종이 훨씬 더 매력적일 수 있다.

나) 사과 유기재배를 위한 병 · 해충 저항성 품종

오늘날 상업적으로 유기재배를 위해서 반복적으로 유기자재를 살포하고 있다. 그러나 병에 감수성인 품종들은 안정적인 수량을 얻을 수 없다. 병에 감수성인 품종들을 새로운 유기 사과원에 심어서는 안 된다. 품종의 해거리(격년결실)에 대한 경향은 경제적 성공을 결정하는데 중요한 역할을 한다. 따라서 불리한 환경조건에도 꽃눈분화가 좋아 해거리가 적은 품종을 선택하는 것도 중요하다. 외국에서는 격년 결과성이 강한 경향의 품종들에는 보수쿱, 엘스타, 마이골드, 그라벤시타인과 국내 재배 품종은 후지, 홍로 등 기타 품종들이 있다. 사과연구소는 다음과 같은 연구결과를 발표하였다. 선홍 등 14개 품종이 탄저병 저항성이며(표 4-3), 점무늬낙엽병에는 '그린볼'이 면역성이고 '산사', '조나골드', '화홍' 등은 발병률이 1% 이하로 저항성이였다(표 4-4). 품종별 줄기 겹무늬썩음병에 의한 수액누출 및 괴저반점증상 발생정도는 후지 등 11개 품종이 무~극소로 발생이 적었다(표 4-5). 갈색무늬병에 고감수성 품종(생육기 다발생 폼종)은 '홍금', '추광', '양광' 등 3품종, 중감수성 품종으로 '화홍' 외 14종을 제시하였다(그림 4-1). 또한 '감홍', '홍소', '피크닉', '피노바' 품종에서 다른 품종에 비하여 배나무방패벌레의 피해가 많았으며(표 4-6), 고온기 식물성 오일을 살포하였을 때, '후지', '홍소' 품종에서 약해가 심하게 발생하였다(표 4-7). 이와 같은 내용을 참고해서 품종선택에 신중해야 한다.

표 4-3 과실 무상접종 처리 결과 사과 유전자원의 탄저병 저항성

저항성 구분	극강	중	약
무상접종 발병률(%)	0	5.1~20.0	20.1~50.0
품 종	쓰가루, 선홍, 료카, 감홍, 군마명월, 시나노스위트, 알프스오토메, 화홍, 챔피온후지, 히로사키후지,Melrose, Idajon, Nero Rome, DermenWinesap	산사, 홍로, 히메카미, 조나레드, 홍옥, 홍장군, 갈라, 아이카향, Delicious, McIntosh	시나노골드, Yellow Bellflower

표 4-4 사과 품종별 점무늬낙엽 발생 정도(2013년 사과시험장)

발생정도 구분	품 종
0(면역성): 무발병	그린볼
1(저항성):	산사, 조나골드, 화홍, 아리수, 선홍, 썸머드림
발병엽율 1.0~10%	양광, 추광, 홍옥, 갈라
3(저감수성): 11~20%	썸머킹, 황옥, 홍소, 홍금, 쓰가루, 후지, 홍로
5(중감수성): 21~50%	감홍
7(고감수성): 51% 이상	

점무늬낙엽병 발생조사는 표준관리가 이루어진 포장에서 조사되었으며, 발생정도 구분은 사과 유전자원 특성조사 매뉴얼(2012)에 따랐음

표 4-5 품종별 줄기 겹무늬썩음병에 의한 수액누출 및 괴저반점증상 발생정도

무~극소	소	중	다~심
후지, 추광, 감홍, 새나라, 조나골드, 신홍, 홍옥, 그라니스미스, 리버티, 능금, 산사	화홍, 어리브레이즈, 브레이번, 스타크림슨, 스타킹, 쓰가루, 육오, 인도, OBIR2T47, 북두, 송본금, 화랑	갈라, 로얄갈라, 모리스딜리셔스, 혜, 양광, 골든딜리셔스, 추광, 홍월, 서광	홍로, 세계일, 아까네, 국광, 히메까미, 하향쓰가루

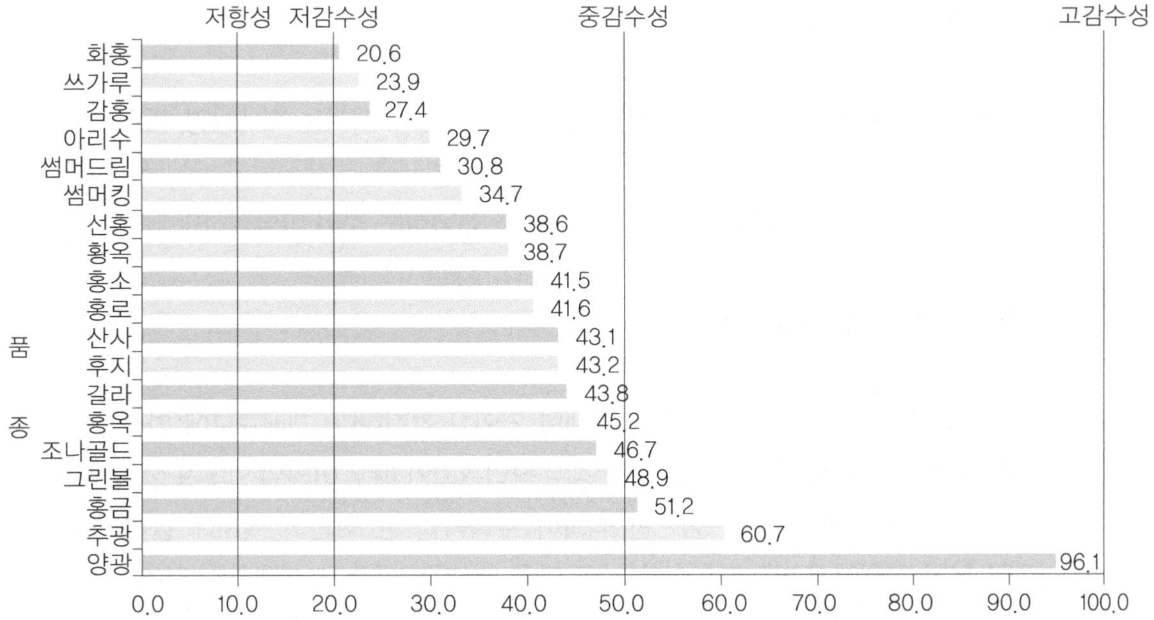

〈그림 4-1〉 사과 품종별 갈색무늬병 발생 결과

표 4-6 사과나무 품종별 배나무방패벌레에 대한 잎의 피해정도 구분(보르도액구)

피해정도 구분 (피해엽율)	품 종
무	썸머드림, 황옥
소(10%〉)	홍로, 선홍, 홍금, 홍안, 후지, 산사, 쓰가루, 갈라, 레지스타
중(10~50%)	핑크레이디, 아이다레드, 토파즈, 골든딜리셔스
다(51%〈)	감홍, 홍소, 피크닉, 피노바

표 4-7 사과나무 품종별 유화식용유에 대한 잎의 약해정도 구분(보르도액구)

약해정도 구분	품 종
무	홍로, 선홍, 썸머드림, 황옥, 피크닉, 쓰가루, 핑크레디, 레지스타, 아이다레드, 피노바
약(〈1%)	감홍, 홍안, 산사, 골든딜리셔스, 메이폴
중(1~5%)	홍금, 갈라
심(6~10%)	홍소, 후지

* 처리일 : 6월11일, 약해발생일 : 6월22-23일
* 약해정도(피해엽율) : 무, 약 〈1%, 중 1~5%, 심 6%〈

다) 지역에 적합한 품종 선택

재배 예정지역에 적합한 품종이 무엇인가를 심사숙고한다. 사과는 재배환경, 특히 기상조건(온도)에 따라 품질이 크게 달라지고, 생리장해나 병해충 발생정도가 달라진다. 따라서 재배지역에서 우량품질이 발휘될 수 있는 품종을 선택하는 것이 바람직하다.

라) 재배면적에 맞는 품종 선택

재배면적을 감안하여 몇 가지 품종을 선택할 것인가 결정한다. 재배규모에 따라 품종수를 결정한다. 적은 면적에 많은 품종을 심을 경우 작업관리가 매우 어려워진다. 또한 재배면적이 넓은 곳에 적은 수의 품종을 심으면 적과나 수확작업 등 작업이 일시에 몰리기 때문에 노동력 분산 차원에서라도 수확기가 서로 다른 몇 가지 품종을 선택하는 것이 좋다. 예를 들면 3,300㎡(1,000평)이내면 2품종 내외, 1ha(3,000평)이하라면 3품종 내외, 1ha 이상 재배규모가 크면 4~5품종을 고려한다.

마). 수확기에 다른 품종 선택

수확기 별로 어떤 품종이 있는가 알아본다. 재배면적에 따라 품종수가 결정되면 어느 시기에 수확하여 출하 할 것인가를 결정해야 한다. 즉, 조 · 중 · 만생종별로 어떤 품종이 있는가 알아본다(표 4-8, 표 4-9). 대체로 8월 하순까지 수확되는 품종을 조생종, 9월 상순~10월 중순까지 수확되는 품종을 중생종, 10월 하순이후에 수확되는 품종을 만생종이라고 한다. 이러한 수확기 구분이 꼭 맞는 것은 아니고 때에 따라 조 · 중생종, 중 · 만생종으로 나누기도 한다. 대체로 재배규모가 1ha 이상이라면 조생종 10~15%, 중생종 30% 내외, 만생종 50~60% 정도로 하는 것이 무난하다고 한다. 기타 6가지 품종 원형을 참고할 수 있다(표 4-10).

표 4-8 숙기 별 추천 사과품종

(사과연구소, 2010)

구 분	주력(기간)품종	보 조 품 종	검 토 품 종
조생종	갈라착색계	산사, 선홍	썸머킹
중생종	후지 조숙계 (히로사키후지 등)	홍옥, 양광	아리수
만생종	후지 착색계	화홍	

※ **주력(기간)품종** : 재배의 중심이 되는 품종

※ **보조품종** : 노동력 분산, 출하시기 및 위험분산 등의 측면에서 보조적인 역할의 품종 경우에 따라서는 주력품종도 될 수 있음

※ **검토품종** : 유망시 되지만, 최근 육성 또는 도입된 것으로 지역별 적응성이나 경제성 등에 대해서 좀 더 검토가 요망되는 품종

표 4-9 외국에서 유기재배를 위한 숙기별 추천 품종(Lind 외, 유기과수재배, 1999)

▶ 조생종(여름 품종, 7월~8월 수확)의 평가

구분	품종	시장 전망	비고
주력(기간)품종	델바레스티베일(Delbarestivale)	좋음	
보 조 품 종	디스카버리(Discovery)	지역시장	
검 토 품 종	아르캄(Arkcham)		유기재배
	피로스(Piros)		유기재배
	레티나(Retina)		저항성 품종
	썬라이즈(sunrise)		관찰 중
	얼리골드(Early gold)	지역시장	관찰 중

▶ 중생종(9월 수확)의 평가

구분	품종	시장 전망	비고
주력(기간)품종	엘스타(Elstar)	좋음	재배면적 증가
	갈라(Gala)	매우 좋음	
	크론프린즈루돌프(Kronprinz Rudolf)	좋음	
보 조 품 종	로터보스콥(Roter Boskoop)	좋음	
	알크메네(Alkmene)		
검 토 품 종	산타나(Santana)		흑성병 저항성
	루빈올라(Rubinola)		"
	레시(Resi)		"
	레안다(Reanda)		가공품종

▶ 중만생종(10월 수확)의 평가

구분	품종	시장 전망	비고
주력(기간)품종	아이다레드(Idared)	좋음	따뜻한 곳 좋음
	플오리나(Florina)	지역시장	유기재배
	브레이번(Braeburn)		흑성병 감수성
	후지(Fuji)		흑성병 감수성
검 토 품 종	메란(Meran)		
	엘리스(Elise)		
	피노바(Pinova)		
	토파즈(Topaz)		
	골드라쉬(Goldrush)		
	골드스타(Goldstar)		
	델오리나(Delorina)		
	엔터프라이즈(Enterprise)		

표 4-10 6가지 품종 원형과 3가지 맛 그룹화

(Ferree 외, 사과, 2003)

전형	정의	숙기에 따른 유기사과재배에 적합한 품종들	추가 품종	맛 그룹 (포장 표시할 색과 문자)
골든 형	황색, 대과, 매끈한 과피, 신맛이 적음, 단맛이 우성	**Resista,** Delbard Jubile, Goldrush, Goldstar	**Golden Delicious**	Yellow 'Mild to sweet'
조나골드 형	골든 형과 같으나 색이 적색	Rubinola, Angold, Viktoria, Delorina, Regine, **Pinova**	**Gala, Arlet, Jonagold,** Delblush, **Maigold, Fuji, PinkLady, Braeburn**	
아이다레드 형	크기가 중~대, 매끈한 과피, 부드러운 맛, 당산적합	Ariwa, Rajka, Santana, Idared, Reanda, Florina	Saturn, Fiesta, **McIntosh, Spartan,** Berner Rosen, Rosana, **Jonathan, Empire, Gloster**	
콕스형	중소과, 동록, 상쾌한 향기, 다소 신 맛	Alkmene, Discovery, Kidds Orange, Resi, Topaz, Renora	**Liberty, Berlipsch, Cox's Orange Pippin,** Kanada Reinette, **Elstar,** Rubinette	Red 'Spicy slightly acidic'

전형	정의	숙기에 따른 유기사과재배에 적합한 품종들	추가 품종	맛 그룹 (포장 표시할 색과 문자)
그라빈시타인형	조숙, 생과용 적합, 다즙, 무름, 다소 신맛	Julia, Retina, Primerouge, Reglindis	Klarapfel, **Vista Bella,** Jerseymac, **Summerred, Gravenstein, James Grieve, Delbard Estival,** Granny Smith	Red 'Spicy slightly acidic'
보수쿱형	현저한 신 맛, 가공용, 베이킹용으로 적합	Boskoop, Rewena, Otava	Iduna, **Glockenapfel**	Green 'predominantly acidic, spicy'

※ 1992. 9. 2(Organic Fruit Production Commission of BIO-SUISsE/F. Weibel, FiBL).
밑줄 = 흑성병 저항성, 진한 색 사과연구소 보유

[주요 품종의 특성과 재배시 유의사항]

가) 국내 육성품종

(1) 홍 로(紅露)

수확기는 9월 상・중순이나 8월 하순부터 수확이 가능하다. 과실크기는 300g, 과형은 장원형이며 과피색은 농홍색으로 줄무늬는 거의 없다. 당도는 14~15%, 산도는 0.25~0.31%이며 육질이 단단하고 식미는 양호하나 과즙은 적은 편이다. 저장성은 상온에서 30일 정도이다. 나무꼴은 반개장형이며 유목기 수세는 강한 편이나 결실이후에는 급격히 떨어진다.

〈재배상 유의할 점〉

결실과다에 의한 수세저하 및 해거리가 발생하므로 조기에 적화 또는 적과를 철저히 하여 수세유지에 힘쓴다. 지나치게 큰 과실은 밀(蜜)증상 발생이 많으므로, 적정크기의 과실을 생산하도록 한다. 유목기에 중심과의 과실꼭지가 짧아 가지에 닿는 과실의 모양이 좋지 않거나 낙과가 되는 경우가 있으므로 과경이 긴 것을 남기고 적과 한다. 잎에 가리거나 그늘 속의 과실은 착색이 불량하므로 수확하기 보름 전 쯤 잎따기나 과실 돌려주기를 한다. 점무늬낙엽병 및 탄저병에 약하므로 낙화 후 10일경부터 장마 전까지의 방제에 특히 유의한다. 홍로 품종은 M.26과는 약간의 접목불친화성이 있으므로 M.9 대목을 사용하여 대목노출을 10cm 정도 노출시켜 심는다. 봄철에 발생이 많은 줄기괴사현상은 토양이 건조하지 않도록 관수를 잘하는 것이 중요하며, 대책으로는 도포제나 수성페인트를 원줄기에 발라주는 것이 효과가 있다.

***수성페인트 : 물 = 2 : 1(바르는 시기는 늦가을~이른봄)**

(2) 감 홍(甘紅)

수확기는 10월 상 · 중순경으로 중생종이다. 과실크기는 350~400g 정도로 대과종이다. 과형은 장원형이며 과피색은 선홍색으로 줄무늬가 다소 발현된다. 당도는 15~16%, 산도는 0.4%로 특유의 향기가 있고 식미가 매우 우수한 품종이다. 저장성은 상온에서 2개월 정도로 높다. 단과지형 품종이나 수세는 강한 편이며 개장성이다.

〈재배상 유의할 점〉

무대재배할 경우 동녹 발생이 심하므로 적과 시 중심과를 남기고 낙화 후 30일까지는 방제자재 종류 및 살포방법에 주의해야 한다. 약한 꽃눈의 과실은 과형이 불량하므로 충실한 꽃눈 확보가 중요하다. 감홍 품종은 측지발생이 어렵고 특히 나무세력이 떨어지면 빈가지가 생기기 쉬우므로 나무세력을 살려 재배한다. 유목기나 세력이 강할 경우는 상비과(象鼻果)나 중심과와 측과의 과경이 서로 붙어있는 경우가 있으므로 2번과를 남기고 적과 한다.

고두병 발생이 많으므로 수세를 조기에 안정시키도록 질소함량이 높은 유기질 비료 다량시비와 시비시기에 유의해야 한다. 석회질 자재를 충분히 시용하며 과실을 300~350g 정도를 목표로 한다. 고두병 방제에 칼슘자재 엽면살포 효과가 크므로 적과 후 봉지씌우기 전에 2회, 봉지 벗긴 후 1~2회 정도 살포한다.

(3) 서광(暑光)

수확기는 8월 상 · 중순으로 빠르다. 과실크기는 300g, 과형은 원형이고 과피색은 농홍색으로 전면 착색되며 바탕색은 황록색이다. 당도 13%, 산도는 0.48%로 감산(甘酸)이 조화되어 조생종으로서는 비교적 맛이 우수하다. 수세는 중정도이고 나무꼴은 반개장성이다. 단과지 및 중과지에 꽃눈형성이 잘 된다. 상온에서의 저장성은 7일 정도로 약하다.

〈재배상 유의할 점〉

고온기에 수확되므로 분질화되기 쉽기 때문에 적기에 수확하고 착색된 것부터 2~3회에 나누어 수확한다. 적과 시 과경이 굵고 긴 것을 남기는 것이 과실비대가 좋다.

(4) 선 홍(鮮紅)

수확기는 8월 중 · 하순, 과형은 원추형, 과피색은 황녹색 바탕색에 선홍색으로 착색된다. 과실크기는 300~350g으로 조생종으로서는 대과종에 속한다. 당도는 14~15%, 산도는 0.35% 정도로 식미는 양호한 편이다. 저장성은 상온에서 30일 정도이다. 수세는 중정도이고 나무꼴은 개장성이다. '홍로'와 같이 단과지형 품종이다.

〈재배상 유의할 점〉

액화아 발생이 잘되므로 조기적화 및 적과를 충분히 한다. 잎에 가리는 과실은 착색이 잘 안되므로 잎따기, 과실돌리기를 하여 착색을 좋게 한다. 단과지형 품종은 일반적으로 꽃눈착생이 좋은 반면 수세가 일찍 떨어지고 세약하기 쉽다. 대목노출을 적게 하는 등 수세유지에 힘쓴다. 유목기에는 과실균일도가 떨어지므로 수세를 조기에 안정시키고, 중심화를 남기고 적과 한다. 해발 100m 이하의 온도가 높은 지역보다는 비교적 지대가 높은 지역에서 고품질의 과실이 수확된다. 기상적 또는 재배적으로 칼슘결핍이 생길 조건에서 반점성 장해과 발생이 쉽다.

(5) 썸머킹(Summer king)

수확기는 7월말~8월 상순의 조생종이며 과형은 원추형으로 정형이다. 과피색은 홍색이며 과점이 작고 과피가 매끈하여 외관이 수려하다. 과중은 260~280g이고 과육은 백색이며 경도가 3.7kg/∮8mm으로 조직감이 우수하다. 당도 13~14° Bx, 산도 0.30~0.40%로 산미가 다소 높지만 수량성이 높아 8월 상순의 미숙 쓰가루를 대체할 만한 품종이다. 나무꼴는 반개장성이고 수세는 중간 정도이며 결과습성이 우수하여 결실관리가 용이하다. 탄저병에 비교적 강하나 수확전 낙과가 다소 발생한다. 주요 재배품종과는 대부분 교배친화성이 높고 저장성은 상온에서 1주일 정도이다.

〈재배상 유의할 점〉

300g 이상의 대과는 낙과가 다소 발생하고 과경부 열과가 있다. 따라서 왜성대목의 노출은 약 15cm 내외(M.9자근 기준)로 하여 적정 수세를 유지한다. 적과 작업 시 과경이 긴 과실을 남기며, 과실이 너무 대과가 되지 않도록 착과량을 조절한다. 적숙기 이후에는 낙과가 다소 발생하므로 착색 비율이 50%정도 되었을 때 수확하는 것이 좋다.

(6) 아리수(Arisoo)

수확기는 9월 상순 과형은 원형이며 과피색은 홍색으로 착색되다. 과실크기는 280~300g 정도이고 당도는 13.5~14.5 ° Bx, 산도는 0.30~0.35%내외이다. 착색기에 기온이 높은 지역에서도 착색이 잘되는 장점이 있다.

〈재배상 유의할 점〉

유과기 때 저온 피해나 부적절한 약제살포 등으로 동녹이 발생할 수 있어 저온피해 지역이나 유기자재를 살포하는 농가에서는 선택에 신중해야 한다.

(7) 황옥

홍월에 야다카 후지를 교배 2009년에 선발하였다. 성숙기는 9월 중 · 하순이며 과형은 원형, 과피색은 황색이다. 과중은 229g으로 중 · 소과종이다. 과육의 경도는 3.5g/ φ8mm로 높고 치밀하여 크기에 비해 과중이 높은 편이다. 당도는 15.0° Bx, 선도는 0.48%로 높아 맛이 농후하고 조직감이 우수하다. 저장성은 상온에서 20일 정도이다. 나무꼴은 반개장성이고 수세는 중간정도이며 곁가지 발생이 용이하여 수형구성이 쉽다. 탄저병에 비교적 강하며 동녹 및 수확 전 낙과가 거의 없다.

〈재배상 유의할 점〉

세력이 강하면 착색이 늦어지므로 적정 수세관리에 유의해야 하고, 유목기부터 착과를 시키면서 수관을 확대시키는 것이 좋다. 과피색이 황색이므로 녹황색의 미숙과 수확시 산미가 강하므로 적숙기 판정에 유의해야 한다.

(8) 그린볼(Green Ball)

골든딜리셔스에 후지를 교배하여 2008년에 선발했다. 성숙기는 9월 상순으로 과피색이 녹황색이고 양광면의 일부가 붉게 착색된다. 과형은 원원추형이고 과중은 322g 정도로 대과이다. 과실의 당도는 13.6° Bx, 산도는 0.40%로 식미가 우수하다. 단과지형 품종으로 풍산성이다. 나무꼴은 반개장성으로 유목기부터 결실이 잘되기 때문에 가지가 늘어지기 쉽다. 상온 저장성은 약 12~15일 정도이나 수확이 늦어지면 보구력이 급격히 약해진다. 녹황색 품종으로 착색관리가 필요 없으나 여름철 기온이 비교적 낮고 일조량이 많은 서늘한 지역에서 고품질 사과가 생산된다.

〈재배상 유의할 점〉

가지가 늘어지기 쉽다. 과피색이 녹황색이기 때문에 정확한 성숙기 판단이 어렵기에 주의해야 한다. 수확기가 늦어지면 과실 연화가 빨라진다. 점무늬낙엽병 및 탄저병에 강하지만 수세가 약하면 나무좀 피해를 받기 쉽다.

나) 외국 육성품종

(1) 후 지

일본 원예시험장 동북지장(현 과수연구소 사과연구부)에서 1939년에 국광에 딜리셔스를 교배하여 1958년에 계통을 선발한 후 1962년에 후지로 명명하였다. 과실크기는 300g 정도이나 재배조건에 따라 400g이상 대과생산도 가능하다. 과형은 원~장원형이고 과피색은 선홍색이고 줄무늬가 선명하며 바탕색은 황색이다. 단맛이 많고 산미는 중간정도, 과즙이 많아 식미는 매우 양호하다. 당도는 14~15%, 산도는 0.4% 내외이며 저장성은 상온에서 90일, 저온저장에서 150일 정도이다. 수세는 강한 편이며 나무꼴은 반개장성이고 6월 낙과나 수확 전 낙과가 없다. 해거리가 심한 편이다. 검은별무늬병에는 약하고, 점무늬낙엽병이나 조피병에는 약간 약하다.

〈재배상 유의할 점〉

기본적으로 착색이 어려운 품종이므로 착색계 아조변이 품종을 적극 이용한다. 질소비료를 많이 주는 등 과실을 지나치게 크게 만들면 고두병 발생이 많으므로 수세를 안정시킨다. 착과량이 많으면 해거리를 하므로 조기적과와 적정 착과량을 엄수한다. 나무내부까지 햇볕이 잘 들어가지 않으면 미숙과나 맛이 싱거운 과실이 생산되므로 적정 재식거리를 확보하고 과번무되지 않도록 수세안정에 힘쓴다. 늦게 수확하여 과숙(過熟)될 때는 밀병이 많이 발생하고 내부 갈변이 나오기 쉬우므로 적기에 수확하고 과숙과는 즉시 판매한다. 대개 장기저장용은 10월 20일~25일 경 다소 일찍 수확하고, 단기저장용이나 즉시 판매용은 10월 30일~11월 5일 경에 수확한다.

【후지 아조변이 품종들】

후지 품종은 맛이 좋고 저장성이 우수하여 일본은 물론 우리나라와 중국에서 가장 많은 면적을 차지하고 있으며, 미국이나 유럽에서도 재배면적이 증가되고 있는 추세이다. 후지 품종은 특성상 착색이 곤란하기 때문에 이를 개선하기 위하여 봉지씌우기, 반사필름 이용 등 많은 작업노력이 소요되고 있다. 이러한 문제점을 육종적으로 해결하기 위하여 착색이 개선된 돌연변이 육종이 활발히 이루어진 결과 국내외에서 많은 돌연변이 품종이 선발되고 있다.

◈ 후지 아조변이 품종의 계통구분

후지 아조변이 품종을 크게 3가지 계통으로 구분할 수 있다. 일반 후지에 비하여 숙기가 빠른 조숙계, 가지의 절간장이 짧고 화아분화가 용이한 단과지계, 착색이 개선된 착색계가 있다. 착색계란 전면착색계 뿐만 아니라, 일반 후지에 비하여 착색이 개선된 후지 아조변이 계통이다.

표 4-11 **후지 아조변이 품종(계통) 구분**

구 분	품종(계통)명
조 숙 계	고을, 야다카, 홍장군, 히로사키후지, 료카 등
단과지계	화 랑
착 색 계	라쿠라쿠(= 미시마, 2001년후지)후지, 나가후 6, 기쿠8 후지, 로얄후지, 봉촌계 후지, 마이라레드 후지 등

◈ 후지 아조변이 품종의 숙기 및 과실특성

후지 아조변이 품종의 숙기 및 과실특성을 조사한 결과, 평균적으로 보면 조숙계의 숙기는 9월 중 · 하순이고 과중은 300g, 당도는 13%, 산도는 0.4% 내외였다. 단과지 및 착색계의 숙기는 10월 하순에서 11월 상순경이었고 과중은 300g, 당도는 14~15%였으며 산도는 0.4%였다.

과실특성은 재배지역이나 해에 따라 관리방법에 따라 차이가 있을 수 있으며 여기서는 평균치를 기재한 것이다.

표 4-12 **후지 아조변이 품종(계통)별 특성**

구 분	숙 기	과 중	당 도	산 도
조 숙 계통	9월 중 · 하	300 g	13~14 %	0.4 %
단과지계통	10월 하~11월 상	〃	14~15	〃
착 색 계통	〃	〃	〃	〃

과피에 줄무늬 발현정도를 보면 연차 간에 차이는 있었으나 홍장군, 나가후 12는 1~3으로 전면착색계 였다. 히로사키후지, 화랑, 나가후6 및 라쿠라쿠후지는 5~6으로 중간 정도였으며 기쿠 8 및 후지로얄은 7~9로 선명하였다. 대비품종인 일반후지 품종은 줄무늬 발현정도가

6으로 중간 정도였다. 후지착색계 품종에 있어서 과피색 이외의 품질 및 특성은 차이가 없어 일반 후지품종과 거의 유사하였다.

히로사키후지는 아직 국내에서 검토가 미흡한 실정으로 변이 발생의 우려가 있다. 홍장군은 전면착색계이고 해발이 높은 지역은 암홍색으로 착색되며 수세가 다소 강한 문제가 있다. 그밖에 조숙계로 구분할 수 있는 품종으로 료카(涼香, 후지 우연실생)는 전면착색계에 가까우나 착색이 양호하고 정형과 비율이 높다. 단과지계통인 화랑은 일반후지에 비하여 수폭이 작기 때문에 20%정도 밀식재배가 가능하다. 문제점으로는 질소과잉 시 과피 바로 밑에 녹색소가 발현되고 착색이 다소 지연되는 경향이 있다. 착색계통은 앞에서 언급한 바와 같이 기상이나 재배지에 따라 착색정도가 달라 질 수 있으며 후지 착색계 간에는 수분수로 이용할 수 없다.

◈ 재배상 유의점할 점

후지 아조변이 계통의 특성은 변이된 1~2개의 형질을 제외하고는 일반 후지와 동일하다. 따라서 재배상 유의할 점은 대부분 후지와 같으나 특히 다음 사항에 유의한다. 단과지형 아조변이(화랑 등)의 경우는 화아착생 및 착과가 잘 되므로 과다 착과 되지 않도록 충분히 적과를 실시한다. 착색계 후지는 착색만 후지보다 잘 될 뿐 숙기는 동일하므로 후지보다 빨리 수확해서는 안 된다. 기상과 재배지역에 따라 착색정도가 달라질 수 있으니 유의하고, 후지아조변이 간 뿐만 아니라 일반후지의 수분수로 이용할 수 없다.

(2) 산 사

일본 과수시험장에서 갈라에 아카네를 교배하여 선발하였다. 수확기는 8월 중·하순으로 과형은 원~원추형이며 과피색은 홍색~선홍색이다. 줄무늬 발현은 뚜렷하지 않고 바탕색은 황녹색이다. 과실크기는 200~250g으로 소과종이고 당도 13%, 산도 0.4%로 과즙이 많고 향기도 있어 식미는 매우 양호하다. 육질은 치밀하고 경도는 중간정도, 저장성은 상온에서 30일 정도이다. 나무꼴은 반개장성이며, 잎색은 '골든딜리셔스'와 같이 담황색으로 다소 연하며 때로 황색 반점이 나타난다. 반점낙엽병, 붉은별무늬병과 검은별무늬병에 강하다.

〈재배상 유의할 점〉

소과이므로 조기적과를 실시하여 과실비대 촉진한다. M.9 대목을 이용하면 과실비대가 좋고, 숙기촉진에 유리하다. 동녹 발생이 비교적 많으므로 낙화 후 30일까지 유기농 자재 살포에 유의한다.

M.26 대목은 접목 혹이 두드러지고 수세가 약화되기 쉬우므로 피한다. 수세가 떨어지면 빈가지가 생기기 쉬우므로 절단전정을 적절히 하여 결과지를 확보하고 수세유지에 노력한다. 새가지는 찢어지기 쉬우므로 가지 유인 및 수확 때 주의해야 한다.

(3) 양 광

수확기는 10월 상순경이다. 과실크기는 300g, 과피색은 농홍색으로 줄무늬는 뚜렷하지 않다. 과형은 원~장원형, 당도는 14%, 산도 0.3%이며 특유의 향기가 있어 식미는 양호하다. 저장성은 상온에서 10~15일로 짧다. 수세는 중정도이고 나무꼴은 개장성으로 모본인 '골든딜리셔스'와 유사하다.

〈재배상 유의할 점〉

과정부(果頂部)에 동녹발생이 심하여 봉지재배가 필요하다. 과다시비하면 고두병 발생이 심하므로 질소 과용을 피하고 특히 6월경 추비는 하지 않도록 한다. 왜화재배에서는 수세가 떨어지기 쉬우므로 수세 유지에 노력한다. 유목기에는 측지발생이 어려우므로 아상(芽傷) 처리나 가지 끝자름 전정을 하여 결과지를 확보한다.

(4) 홍 옥

수확기는 9월 하순~10월 상순경이다. 과실크기는 200~250g, 과형은 원형이고, 과피색은 전면이 농적색이다. 당도는 13%, 산도 0.6~0.8%로 단맛은 중정도이고 산미가 강하다. 향기가 많고 씹히는 맛이 좋아서 식미는 양호한 편이다. 주스 가공용 및 요리용으로의 적성이 높으며, 저장성은 상온에서 30일 정도이다. 수세는 약하고 개장성이다. 점무늬낙엽병에는 강하지만 흰가루병에 특히 약하고 홍옥반점병 등 생리장해가 많다.

〈재배상 유의할 점〉

측과에는 동녹이 잘 발생하므로 중심과를 남긴다. 수확기가 빠르면 산미가 강하고, 늦으면 홍옥반점병 등 생리장해가 많이 발생한다. 수확은 충분히 맛이 든 것부터 2~3회 나누어 수확한다. 빈가지가 생기기 쉬우므로 적절히 자름전정을 실시해 결과지 만들기에 노력한다. 특유의 향기가 있고 가공 적성이 높기 때문에 재배가치는 충분히 있는 품종이다. 온도가 높은 지역에서는 수확전 낙과에 주의한다.

다) 외국에서 많이 재배되는 품종

(1) 레드딜리셔스

미국 아이오와州에서 1870년 경 태어난 품종으로 교배양친은 알려져 있지 않으나 한쪽 친은 '옐로우 벨플라워(Yellow Bellflower)'로 추정된다. 본래의 명칭은 '호크아이(Hawkeye)'로 불리었으나, '딜리셔스'를 거쳐 현재는 '레드딜리셔스'라고 불리어지고 있다. 수많은 돌연변이 품종이 육성되어 있고 세계적으로 생산량이 가장 많은 품종으로 주로 미국과 유럽에서 재배되고 있다. 우리나라에서는 아조변이 계통으로 스타킹(Starking Delicious) 및 스타크림슨(Starkrimson)이 있었으나 현재는 거의 재배되지 않고 있다.

수확기는 9월 하순~10월 상순이고 과형은 장원~장원추형, 과피색은 전면 농홍색으로 착색된다. 과정부가 급격히 좁아지고 꽃자리 쪽에 왕관 모양의 융기부분이 있는 것이 특징이다. 당도는 높지 않으나 산미가 적어 상대적으로 감미가 강하게 느껴진다. 우리나라에서 이 품종들이 실패한 요인은 일찍부터 착색이 시작되므로 충분히 성숙되지 않은 미숙과를 수확, 출하해 소비자로부터 외면을 받게 되었다.

(2) 그라니스미스

호주 시드니 근처의 과수원(Marie Smith 씨)에서 '프랜치크랩(French Crab)'의 자연교잡실생에서 발견되었다. 우리나라에서의 숙기는 '후지'와 같거나 다소 늦은 만생품종이다. 과피색은 녹색~녹황색으로 산미가 강하고 맛이 좋지 않아 우리나라와 같이 감미가 높은 사과를 생식용으로 하는 곳에서는 재배가치가 적다. 저장력이 매우 강하고, 외국에서는 가공용으로 많이 이용되고 있다. 세계적으로 보면 '레드딜리셔스', '골든딜리셔스'에 이어 세번째로 많은 양이 생산되고 있다.

(3) 갈 라

뉴질랜드에서 '키즈스 오렌지 레드(Kidd's Orange Red)'에 '골든딜리셔스'을 교배하여 1960년에 선발하였다. 과실크기는 200~250g으로 소과종이고 과형은 원~원추형이다. 과피색은 원래 황색바탕에 25% 정도 홍색으로 착색되어 선호도가 높지 않으나 아조변이 계통들은 전면 홍색에 줄무늬가 뚜렷한 계통이 대부분이다. 특유의 향기가 있고 과즙이 많으며 당도는 13~14%, 산도는 0.4% 정도로 감산이 조화되어 식미는 매우 양호하다.

수확기는 8월 하순 경으로 조생종이고 저장성은 상온에서 10~15일 정도이다. 수세는 중정도이며 교배모본인 '골든딜리셔스'와 닮은 점이 많다. 수확 전 낙과가 없고 식미가 매우 양호하며 고온에서도 착색이 잘 된다. 수확이 늦으면 열과 발생이 많고, 지질이 나오기 쉬우며 분질화가 빠르다. 가지는 발생각도가 넓어 거의 유인이 필요 없으며, 직립지를 제외하고는 꽃눈착생이 매우 양호하다.

〈재배상 유의할 점〉

품종선택 시 착색이 개선되고 줄무늬가 잘 발현되는 착색계 아조변이 계통을 이용한다. 액화아 착생이 많고, 과다 결실되기 쉬우므로 조기에 철저한 적과를 하여야 과실 비대가 좋다. '골든딜리셔스'와는 교배불친화성이므로 수분수로 사용할 수 없다. 수확기가 늦으면 열과가 발생하고 분질화가 빨라지므로 숙기에 잘 관찰하여 수확기가 늦지 않도록 유의한다. 수세가 중정도로 세력이 강하지 않으므로 M.9나 M.26 대목의 왜화재배에 적당한 품종이다. 오래 묵은 가지에 달린 과실은 작고 착색이 불량하므로 3년 이상 된 열매가지는 적절히 절단하여 새가지로 갱신을 한다.

표 4-13 갈라 아조변이 품종들의 과실특성

품 종	과피색	과중(g)	당도(%)	산도(%)	비 고
퍼시픽 갈라	선홍	229	13.0	0.38	착색우수, 소과
갤럭시 갈라	선홍	232	13.1	0.39	착색양호, 소과
스칼렛 갈라	선홍	228	13.5	0.38	착색우수, 소과
로얄 갈라	선홍	215	13.1	0.37	착색양호, 소과
갈라 일반계	담갈홍	221	12.0	0.37	착색불량, 소과

라) 최근 외국에서 육성된 품종

(1) 시나노스위트

일본 나가노현 과수시험장에서 '후지'에 '쓰가루'를 교배하여 육성한 것으로 1993년 품종 등록 되었다. 우리나라에서의 숙기는 9월 하순경~10월 상순경이고 과실크기는 300g 정도이며 과형은 원형이다. 과피색은 홍~농홍색이며 줄무늬가 발현되고, 바탕색은 녹황색이다. 당도는 14%, 산도는 0.3%로 과즙이 많고 식미는 양호한 편이다. 저장성은 상온에서 2주 정도이다. 조기결실성이고 풍산성이며, 수확 전 낙과는 거의 없다. '천추'와는 불친화성을 나타낸다. 해발이 낮고 온도가 높은 지역은 착색이 다소 불량하고, 착과량이 많으면 수세 쇠약이 심하다. 나무 세력이 강하면 착색불량, 과심곰팡이 발생이 많아지므로 적정 수세 유지가 중요하다.

(2) 핑크레이디

호주에서 '골든딜리셔스'에 '레이디 윌리엄스(Lady Williams)'를 교배하여 육성한 품종이다. 1980년대 중반부터 보급되기 시작하였다고 한다. 우리나라에서의 숙기는 11월 중순으로 '후지'보다 10~15일 후에 수확되는 극만생 품종이다. 과실크기는 250~300g 정도이고 과형은 원~원통형, 과피색은 농홍색으로 특유의 핑크빛을 나타내어 외관은 매우 아름답다. 당도는 14~15%, 산도는 0.8~0.9%로 산미가 극히 강하여 국내소비용으로는 적당하지 않을 것으로 판단된다. 해발이 낮은 온난지에서도 착색이 잘되며 저장성은 매우 강하다. 산미가 강한 과실을 선호하는 소비자등 특수층을 겨냥한 소규모 재배는 가능한 품종으로 생각된다.

(3) 알프스오토메

일본 나가노현의 독농가에서 육성된 꽃사과의 일종(Crab Apple)으로 '후지'와 '홍옥'의 혼식원에서 발견된 우연실생이다. 수확기는 10월 상·중순이고 과실크기는 40g이고 산미가 다소 있다. 맛은 양호한 편이나 크랩 애플 특유의 떫은맛이 다소 남는다. 수세는 좋은 편이며, 조기결실성이고 풍산성이다.

과실이 작고, 꼭지가 가늘고 길어서 한 과총에 2~3과를 착과 시켜도 과실 상호간에 압박은 주지 않는다. 그러나 과다착과 시 해거리가 발생하므로 얼마간 솎아 주어야 한다. 병해로는 탄저병과 그을음병이 다소 발생하므로 방제가 필요하다. 최근 껍질째 먹는 소과종으로 재배되어 상업적 판매가 이루어고 있다.

다. 꽃사과

품종과 수분(受粉)관계를 알아본다. 사과는 타가수정작물이기 때문에 반드시 서로 다른 품종을 섞어 심어야 안정적인 결실을 기대할 수 있다. 기존의 과수원은 대부분 재배품종을 수분수로 이용하여 한 줄에 20% 정도를 심었다. 따라서 재배관리 및 병해충 발생정도 등이 서로 달라 관리상 어려움이 많은 실정이었다. 최근에는 품종별로 구획지어 심고 사과나무 사이에 꽃사과를 심어서 수분을 도모한다. 이렇게 할 경우 품종별로 적정한 관리가 가능하여 생력재배에도 큰 도움이 된다. 다음은 기존에 수분수용 꽃사과로 선발된 것 중 노린재류

피해가 적은 품종이다.

개화기가 이른 품종에 적합한 : 만추리안, 얀타이, 메이플
개화기가 늦은 품종에 적합한 : 고저스, 아트로스

그러나 메이플 품종은 유기재배에서 사과혹진딧물의 피해가 심하므로 선택시 관리를 철저히 해야 한다.

라. 묘목 준비

묘목의 육성은 기반조성 및 토양개량 등 예정지 관리 계획에 맞추어 충분한 시간을 두고 품종을 고르고 묘목을 준비한다.

[묘목 생산]

가) 사과 묘목 자가 생산방법
농가에서 대목을 번식하여 묘목을 만들 수 있으나, 작업이 번거롭고, 관리에 노력이 소요되므로 묘목생산업체 또는 기술센터에서 생산한 우량한 대목을 구입하여 이용하는 것이 편리하다. 자가 대목 번식방법에는 세워묻어떼기와 이랑묻어떼기가 많이 이용된다.

나) 우량 사과묘목의 생산기술
· 대목 정식 전 예정지 관리
– 재식 1년 전 깊이갈이, 토양 pH조정 등 예정지 관리를 한다.
(수단그라스 파종, 예취 2~3회)
– 가을 깊이갈이 및 퇴비살포 후 로타리 작업

· 대목의 재식 및 관리
– 봄에 대목을 구입하여 규격별로 묘목 생산포에 심는다.
– 심는 방법은 이랑사이 1m, 포기사이 30~40cm 간격, 깊이 15~20cm 정도로 봄 땅이 풀린 후 가급적 일찍 심는다.
– 재식 후는 충분히 관수하고, 세력을 확보하기 위해서 유박, 구아노 등의 추비와 액비 및

해초추출물 등으로 엽면시비를 하여 충실히 키운다.

· 접목 순서

– 8월중에 깎기눈접(삭아접, chip budding)을 한다.
– 접목은 25cm 높이에 한다.
– 접목테이프는 접목 4주 후에 풀어준다.
– 접목 상단부 절단시기는 3월 하순에서 4월 상순이다.

· 사후관리

– 새순이 20cm 이상 자라면 개별지주나 이랑 양쪽에 지주를 세우고 줄을 쳐서 곧게 자라도록 한다.
– 접목부위 밑의 대목에서 발생하는 곁순은 5월 중하순경에 일시에 제거한다.
– 퇴비추출액, 아미노산 액비, 해초추출물 등을 엽면시비하여 나무가 충실히 자라도록하며 주기적으로 수관하부 예초와 관수를 하여 생장에 지장이 없도록 한다.
– 새순을 가해하는 진딧물, 응애, 순나방 등과 갈색무늬병에 의한 낙엽 방지를 위해 석회보르도액, 제충국 등 허용자재를 이용해 철저히 방제한다.

· 덧가지 발생촉진 방법

– 대목 굵기가 가늘거나 석회보르도액 등의 유기 자재 살포로 인해 자람이 약할 경우가 많이 발생한다. 관행재배와 달리 덧가지 발생용 생장조절제(벤질아데닌, BA)을 사용할 수 없어 덧가지를 만들기가 어렵다.
– 대목재식 2년차에 회초리상태로 키운 다음 3년차 봄에 지면 약 55cm 높이에서 강하게 절단하면 자람이 왕성하여 덧가지를 몇 개정도는 충분히 받을 수 있다(2년생 측지묘)(그림 4-2).

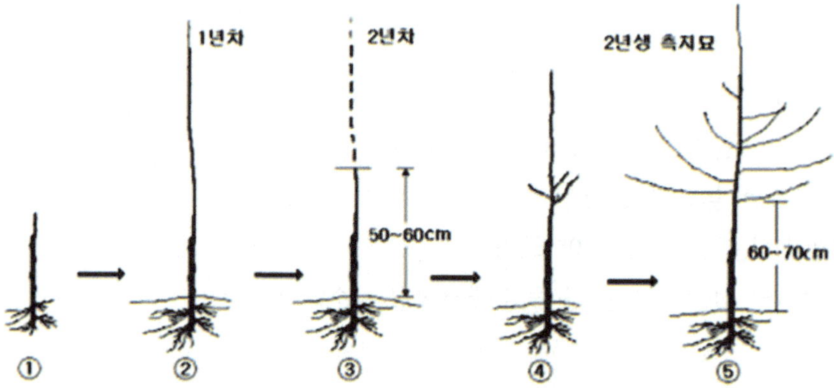

〈그림 4-2〉 2년생 측지묘 생산 방법

① 발근상태가 양호하고, 대목직경이 9mm 이상인 대목으로 지난해 깎기눈접 또는 봄에 깎기접한 묘목

② 전년 8중~9상 중에 깎기눈접한 묘목으로 접목부 상단 1cm 남기고 대목을 절단한 것과 ①에서 만들어진 접목묘로 재식 1년차는 회초리묘로 키움

③ 이듬해 지상에서 50~60cm 부분에서 절단

④ 상부의 충실한 가지를 하나 남기고 나머지는 절단하여 강하게 키우면서 곁가지 유도

⑤ 완성된 2년생 묘목

[참고 자료]

- 강인규 외. 2015. 수출경쟁력 기반 구축을 위한 국내 육성 사과품종 해설집. 사과시험장.
- 김목종 외. 2002. 사과품종 선택의 길잡이. 원예연구소 사과연구소.
- D.C.Ferree and I.j. Warrington. 2003. apples. CABI publishing.
- 국립원예특작과학원. 2013. 사과재배(농업기술길잡이 5). 농촌진흥청.
- http//www.nongsaro.go.kr 농업기술 → 농업기술정보 → 영농활용기술
- K. Lind, G.Lafer, K. Schloffer, G. Innerhofer and H. Meister. 1999. organic fruit growing. CABI publishing.

Chapter 05

결실관리 및 착색관리

Chapter 05 사과 유기재배 매뉴얼 Manual of Organic Apple

결실관리 및 착색관리

사과의 결실관리는 유기재배 사과를 안정적으로 생산하기 위해서 아주 중요하다. 그러기 위해서는 먼저 충분한 결실량을 확보해야 한다. 결실량의 확보는 전년도 기상, 병해충 방제에 의한 건전한 잎의 보호, 알맞은 결실 조절 등에 의해 일정한 수의 충실한 꽃눈이 형성 되어야 한다. 좋은 사과의 지속적인 안정생산은 조기적과, 적절한 결실량 등 합리적인 결실조절이 적기에 이루어져야 가능하다.

가. 결실관리

[결실 저해요인]

가) 꽃눈형성 불량

꽃눈형성을 저해하는 기상적 요인은 꽃눈분화기의 과다한 강우와 일조부족에 의한 새가지의 과번무(過繁茂), 여름철 야간의 고온에 의한 호흡량의 과다로 탄수화물의 생성보다 소비가 많을 때이다. 재배적으로는 과다결실, 적과지연, 강전정, 보르도액의 구리피해나 병해충 피해에 의한 조기낙엽 등이다. 특히 기상요인과 재배적 요인이 중복되면 더욱 꽃눈형성이 나빠져 결실량 확보에 어려움이 많이 생긴다.

나) 불임성 및 불친화성

화기(花器)에 아무런 이상이 없고 외관상 건전한 상태임에도 불구하고 결실이 되지 않는 경우가 있는데, 이는 화분의 불임성과 자가불친화성(자가불화합성)에 기인하는 것이다. 사과나무의 염색체수는 생식세포 17, 체세포 34개가 일반적이다. 하지만 체세포가 51개인 품종이 있다. 이러한 품종을 3배체 품종이라 한다. 3배체 품종으로는 육오, 조나골드, 북두 품종이 있다. 3배체 품종의 화분은 외관상 정상으로 보이지만 다른 품종에 대해 수분친화성이 약하고 불임화분을 생산하여 화분이 발아하지 못한다. 또한 사과 재배품종의 대부분은 자가수정에 의한 결실이 나빠서 다른 품종의 화분을 이용해야 정상적인 결실을 하는 자가불친화성 현상이 있다. 이런 현상은 후지, 쓰가루, 딜리셔스계 품종이 강하므로 수분수 재식, 인공수분, 방화곤충 이용 등에 의해 결실을 확보해야 한다.

다) 기상 및 재배적 요인

개화기 기온이 낮으면 개약, 화분발아, 화분관 신장 등이 지연되어 결실률이 떨어진다. 휴면기 저온이나 서리피해 등에 의해서도 화기의 동사나 발육이상에 의해 결실이 불량해진다. 개화기에 15℃ 이하의 저온, 강풍, 강우 등은 방화곤충의 활동을 방해하여 충분한 수분이 되지 않아 결실이 불량해질 수 있다. 재배적 요인으로는 수분수가 없거나 불합리하게 재식되었을 경우 또는 개화기 중 약제살포로 방화곤충을 죽게 하거나 냄새에 의해 날아오지 않을 때와 약제에 의해 화분발아, 화분관 신장을 억제하고 암술 등의 화기를 손상시키는 경우에도 결실이 나빠지므로 개화기 약제살포를 유의해야 한다.

[결실 향상 방법]

가) 수분수 혼식

꽃사과를 수분수로 이용하는 경우 앞선 품종부분에서 추천한 것에서 선택한다. 해에 따라 개화시기가 일정하지 않으므로 개화시기가 빠른 것 2품종, 늦은 것 1품종을 선택하여 10주 사이에 1주씩 나무사이에 배치하여 이웃 재식열과 ◇형이 되도록 심는다. 꽃사과는 올해 자란 새가지에 꽃눈분화가 잘 된다. 낙화 후 절단전정을 실시하므로 수폭을 줄여줌과 동시에 과다착과에 의한 해거리를 방지할 수 있다. 기존 사과품종을 수분수로 이용할 경우는 4~5열마다 1열씩 배치하여 수분수의 비율이 15~20%정도 되게 한다.

나) 늦서리 피해 방지

산기슭 낮은 곳 등 서리피해를 받기 쉬운 지대나 서리가 내리기 쉬운 조건일 때 피해 방지를 위해 간접적인 방법으로 초생재배원에서는 초장을 짧게 유지하고, 토양이 건조할 경우에는 충분히 관수하여 토양수분 함량을 높여둔다. 직접적인 방지법으로 살수법, 송풍법 등을 적극적으로 이용한다.

▶ **살수법(撒水法)**

스프링클러를 이용하여 미세살수 하는 방법으로 물이 얼음으로 될 때 방출하는 잠열(80cal/물g)을 이용하는 것으로 효과가 높아 -8℃의 저온에서도 0.0~-0.5℃를 보존할 수 있다고 알려져 있다. 그러나 시간당 4~5톤/10a의 물이 필요하므로 충분한 물이 있어야 하고, 토양이 과습될 우려가 있으며, 가지에 얼음 결정이 커질 경우는 부러질 우려가 있다는 결점이 있다. 또한 도중에 살수를 중단하면 조직을 싸고 있는 얼음의 온도가 급격히 저하하여 오히려 피해가 더 조장된다는 것이다. 그러나 최근에 개발된 미세살수 방법을 이용하면 미세노즐(7.0ℓ /hr/3㎏/㎠),에 의하여 물이 안개처럼 뿌려지기 때문에 스프링클러에서 오는 결점을 해결하고, 효과도 더 높일 수 있다. 작동은 수체온도가 0℃가 되기 전인 대기온도가 약 2℃에서 시작하고 아침의 외기온도가 0℃이상 올라가 얼음이 녹기 시작할 때 정지한다.

▶ **송풍법(送風法)**

찬 공기는 무거워 아래쪽에 깔리고, 그 위에는 따뜻한 공기가 있으므로 이것을 아래쪽으로 불어내려 찬 공기와 섞어주어 과원내(790㎡) 기온을 0.9~2.5℃(평균 1.6℃)정도 상승시키는 방상선(防霜扇,wind machine)이 이용된다.

방상선의 설치방향은 냉기류가 흘러가는 방향(바람이 없는 날 기온이 낮은 오전 5~6시경 연기를 피웠을 때 연기가 흐르는 방향)으로 설치하고, 작동온도는 발아 직전에는 2℃ 전후, 개화기 이후에는 3℃ 정도에서 설정하고 여러 대가 동시에 가동되지 않도록 제어반에서 5~10초의 간격을 둔다. 가동 정지온도는 일출 이후 온도의 급변을 방지하기 위하여 설정온도 보다 2℃정도 높게 설정한다.

〈그림 5-1〉 미세살수와 방상선 모습

다) 방화곤충 이용

머리뿔가위벌은 자연 상태에서는 4월 상순~6월 중순에 활동하며, 나머지 기간은 벌통(대롱) 속에서 지낸다. 방화곤충으로 이용할 때에는, 고치를 5℃의 냉장실에 보관하다가 개화 7~10일 전에 방사통에 넣어 사과원에 배치한다. 꿀벌을 이용할 경우 중심화 개화율이 50~60%일 때 2~3통/ha을 사과원에 도입한다. 서양뒤영벌은 중심화가 5%이상 개화 때 주방화 활동범위인 80m을 중심으로 991~1320㎡(300~400평)당 1봉군(일벌 120~150마리)을 방사한다.

라) 인공수분

방화곤충이 적은 지역이나 개화기 저온, 강풍, 강우 등으로 방화곤충의 활동이 어려울 때, 서리피해에 의해 결실량 확보가 어려울 때, 수분수가 없거나 불합리하게 재식되어 있을 경우, 인공수분은 결실률을 높여 생산을 안정시키는 동시에 과실크기와 정형과 생산비율을 높이기 위해 필요하다. 인공수분 적기는 개화 후 빠를수록 좋으나, 대개 중심화 개화가 30~50% 정도 피었을 때와 중심화 만개시 2회로 한다. 1일 중 수분시각은 오전 8시부터 오후까지 가능하지만, 수분 후 화분관(花粉冠) 신장(伸張)이 고온에서 잘 되므로 오전에 이슬이 마른 직후 수분하는 것이 좋다. 인공수분 때는 꽃가루를 절약하기 위해 증량제를 적당량 혼합해서 사용한다(증량제 : 석송자, 수정박사). 희석비율은 순수화분(발아율 80% 이상)일 경우 15~20배 희석하여 사용한다. 인공수분은 면봉, 귓속털이를 보통 이용하나 작업능률이 낮고, 인공수분기(人工受粉機)는 작업효율은 높지만 꽃가루 소비량이 많은 것이 결점이다. 이때에는 중심화가 30~50%정도인 1회째는 면봉으로 정밀하게 수분하고 중심화가 만개시에는 인공수분기를 이용하는 것도 한 가지 방법이다.

마) 기타

사과나무가 개화하기 전에 열간 및 수관하부의 개화중인 풀을 제거하면 방화곤충의 사과꽃 비래수가 많아져 결실율이 약 10% 정도 향상된다. 또한 초장이 짧게 유지되므로 과원내 일중 최저기온을 0.5℃정도 높게 유지하여 저온피해도 감소된다.

나. 적과(열매솎기)

[적과시기]

사과는 꽃이 피고 결실까지는 주로 수체내에 저장하고 있는 저장양분을 이용하여 생육한다. 결실이 많아지면 저장양분의 소모는 많아져 과실비대와 새가지 생육에 나쁜 영향을 미치게 된다. 또한 이듬해 꽃눈형성을 위해서 필요한 양분은 새로 만들어진 잎의 동화작용을 통한 탄수화물을 축적해야 한다. 적과는 발육하는 과실의 숫자를 줄여 불필요한 영양분의 소모를 줄이는데 있기 때문에 일찍 할수록 효과가 높다. 따라서 생산에 불필요한 액아화(腋芽花)나 정아의 측화(側花)는 조기에 꽃봉오리나 꽃 상태에서 제거하는 것이 노동력을 분산시키고 수세 유지에 유리하다. 일반적으로 적과는 꽃받침이 완전히 위로 서 수정이 확인되면 바로 시작하여 늦어도 유과(幼果)의 세포분열이 끝나기 전인 만개 4~6주전까지 적정 착과량의 110~120%정도로 적과를 끝낸다. 이후 6월 말까지 다른 과실에 비하여 생육이 나쁘거나 기형과, 병 · 해충 피해과 등을 제거하여 적정 착과량으로 조절한다. 수세상태에 따라 본 기준에서 상하 20% 수준 가감해 주는 것이 좋다. 예를 들어 수세가 약한 나무는 적정 착과량의 20%를 줄이고 수세가 강한 나무는 기준보다 20% 수준 착과를 더 시키면 된다. 광투과에 따라 수관상부와 외부는 약간 많이, 수관하부와 내부는 약간 적게 착과시킨다.

[적과방법]

가) 적화제

적화제(摘花劑) 살포는 개화량이 많고 개화 중에 기상이 좋아 결실량이 많을 것이 확실할 때만 실시한다. 적화제는 석회유황합제(유효성분 22%)을 개화 때 온도가 낮을 경우는 100배로 농도를 높게, 온도가 25℃ 이상 높을 경우 120~150배로 낮게 살포한다. 살포 시기는 먼저 수세가 안정된 나무를 3그루 정도 선택하여 정아화의 중심화와 측화를 합한 전체 수가 70~80% 개화했을 때를 1차 살포시기로 한다. 이후 추가적으로 정화의 만개 1~2일 후 또는 액화 만개기에 살포한다(총 2~3회). 살포 방법은 개화한 꽃의 암술에 약제가 충분이 부착되도록 한다. SS기를 이용할 경우는 펜을 정지하거나 회전수를 낮추어 살포한다. 살포 시기는 바람이 없는 시간대에 실시하고, 수령과 용적에 따라서 10a당 350ℓ 이상을 살포해야 한다.

나) 손적과

손적과는 병과를 제거할 기회를 주어 장래에 병 확산을 감소시키고, 수확기에 상품과를 증가시킨다. 1차 적과는 중심과를 두고 측과(側果)를 제거하고, 과실의 발육 상태를 보아 2~3차 적과를 실시하는 것이 상품과 생산비율을 높일 수 있다. 결실량이 적을 경우 갈라와 같이 과경이 긴 품종은 한 과총에 2개 과일을 달 수 있다. 이때 다음 사과와는 일정한 공간이 필요하다. 손적과는 과일크기와 해거리 방지를 위해 늦어도 만개 후 30일까지 중심과를 남기고 측과를 제거하는 1차 적과를 끝내는 것이 좋다.

· 남기는 과실은 정아화에 결실된 과실로 측과(側果) 보다는 중심과를 남기는 것이 품질이 좋다. 또한 열매꼭지(과경)이 굵고 긴 과실과 과총(果叢)엽이 많이 붙어 있는 과실일수록 비대가 좋다.

· 과실 불량과, 과실표면이 기형인과, 과실이 가늘고 긴과, 꽃받침이 열린 과, 병해충 피해나 상처를 입은 과, 과실 모양이 선명하지 않은 것은 반드시 제거한다. 과실이 작은 과, 과경이 짧거나 가는 과, 동녹이 발생된 과, 과실표면이 울퉁불퉁한 과, 과실이 정원형인 것은 중심과가 없거나 결실량 확보를 위해서는 이 과실 중에서 선택한다.

· 적과의 정도는 품종, 수세, 가지의 상태 등에 따라서 달라져야 한다. 일반적인 적정 착과기준은 보통 단과지 정아수를 기준으로 하지만 이 외에도 일정거리를 기준으로 하기도 한다. 잎 수를 기준으로 적과할 경우 과실 당 소과는 30~40잎, 대과는 50~70잎을 기준으로 한다. 정아수를 기준으로 할 경우 과실이 비교적 작은 품종(홍옥, 산사) 3~4정아 당 1과실을, 크기가 비교적 큰 품종(후지, 홍로, 양광 등)4~5정아 당 1과실을 그리고 과실의 크기가 아주 큰 품종(감홍 등)은 6~8정아 당 1과실을 착과시키도록 추천하고 있다. 일정거리를 기준으로 할 경우 소과는 사방 25cm, 중과는 사방 30cm, 대과는 사방 40cm되는 거리당 1과실을 남긴다. 홍로, 썸머킹, 감홍 등은 적과 시 중심과의 과경 길이가 짧고, 기형일 경우 중심과 보다 1, 2번 과중에서 과경의 길이가 긴 과실을 남긴다. 또한 1차 적과 시기가 늦어지면 늦어질수록 적정 착과수를 줄여야 한다.

다. 착색관리

착색이 잘 되기 위해서는 15~20℃의 온도에서 과실이 햇볕을 충분히 받고, 토양으로부터의 양수분의 공급이 적당해야 한다. 따라서 사과나무 수체내 탄수화물과 질소의 균형을 이루기 위한 비배관리, 수관 내에 햇볕 투과를 좋게 하기 위한 하계전정, 착색기 수분관리 등의 착색관리를 해야 한다.

[수광상태 개선]

과실비대기 이후 실시하는 하계전정은 수세의 유지를 위해 중요할 뿐만 아니라 과실 착색에도 필수적이다. 과실비대에 따라 그 무게로 가지가 처진 것은 지주로 받쳐 주거나 끈으로 유인한다. 9월 하순에는 과실이나 잎에 충분한 빛이 들어가도록 방해가 되는 가지를 제거해 준다.

[봉지씌우기]

과실의 병 · 해충 피해 경감, 착색증진 효과 및 국내육성 감홍 품종은 동녹 발생을 방지하기 위해 봉지재배를 한다. 유기재배에 필요한 봉지는 내지에 농약이 처리되지 않은 것을 한국유기사과연구회를 통해 단체로 주문한다.

· 봉지씌우기는 낙화 후 30일 전후(5월 중하순~6월 상순) 2차 마무리 적과를 끝내고 유황(1.5~2L/500L) 또는 보르도액을 살포 한 후에 봉지씌우기를 한다.

· 봉지벗기는 시기는 기상을 고려하여 조생종은 수확 10~15일전, 만생종인 후지는 수확 30일 전후를 기준으로 하는 것이 착색이 양호하다. 봉지를 씌운 과실은 벗긴 후 일소(日燒)가 생기기 쉬우므로 봉지를 벗길 때 주의해야 한다. 2중 봉지는 바깥 봉지를 벗기고 5~7일 후 속 봉지를 벗긴다. 하루 중 과실 온도가 높은 오후 2~4시 경에 봉지를 벗기는 것이 일소방지에 효과적이다.

[기타 착색관리]

가) 잎따기(적엽)

낙엽이 문제가 되지 않으면 9월 하순경에 과실에 닿는 잎과 그 주변잎을 가볍게 제거한다.

나) 반사필름 피복

9월 하순 수광상태 개선을 한 후 반사필름(은박필름)을 재식열을 따라 토양 표면에 깔아주면 수관 하부에 햇빛이 반사되어 특히 과실 아랫부분 및 수관 하부에 착과된 과실에도 착색을 고루 시킬 수 있다. 수형 관리가 잘 된 나무에서는 속봉지를 벗긴 직후에 반사필름을 깔아주면 착색이 증진되고, 수관 내부 잎에도 광이 도달하므로 지속적인 과실비대를 꾀할 수 있다.

다) 보르도액 약흔 제거 방법

목초액(2~4L/500L)을 9월 하순부터 10일 간격으로 3~4회 살포하면 새 피해 및 병 예방 효과도 함께 볼 수 있다(영주 OOO유기농가).

[참고 자료]

- 국립원예특작과학원. 2013. 사과재배(농업기술길잡이 5). 농촌진흥청.
- http//www.nongsaro.go.kr 농업기술 → 농업기술정보 → 영농활용기술.
- Gregory M.Peck, Ian A.Merwin. 2009. a grower's guide to organic apple. NYS IPM Publication.
- Jean Fitzgerald. 2004. Best Practice Guide For The Production of Organic Apples and Pears. the UK organic top fruit group.

사과 유기재배 매뉴얼

Manual of Organic Apple

Chapter 06

정지 · 전정

가. 기초지식
나. 밀식재배 수형 구성법
다. 일반 성목나무의 수형 구성법
라. 여름(하계)전정

Chapter 06 사과 유기재배 매뉴얼 Manual of Organic Apple

정지 · 전정

정지(整枝, training)란 수관을 구성하는 가지의 골격을 계획적으로 구성 유지하기 위하여 유인, 절단하는 것을 말하고, 전정(剪定, pruning)은 과실의 생산과 직접 관계되는 가지를 잘라주는 것을 뜻한다.

정지전정을 하는 목적은 수관 내부에 햇볕이 골고루 들어 갈 수 있게 하여 결실 부위를 고르게 분포시켜 공간을 효율적으로 이용하기 위함이다. 또 적당한 생장과 균일한 결실이 항상 알맞게 균형을 유지할 수 있도록 하여 고품질의 과실을 지속적으로 안정 생산과 일반 관리 작업을 편리하게 하는 것이다.

가. 기초지식

[수세에 따른 정지 · 전정법]

표 6-1 외관상 수세판단 기준에 따른 정지 · 전정 방법

구 분	수세판단 기준	정지 · 전정 요령
수세가 강한 사과나무	· 신초 길이가 30cm이상 길고, 2차 생장지가 많다. · 도장지의 발생이 많다. · 결과지는 중 · 장과지가 많다. · 나무 줄기색이 흑색에 가깝다. · 착색이 불량한 과실이 많다. · 잎은 진녹색이고 늦게까지 낙엽이 되지 않는다.	· 약전정, 가능한 한 눈수를 많이 남긴다 · 수광상태를 방해하는 가지는 솎아준다 · 가지가 복잡할 경우 강한 발육지보다 중간 가지를 솎아준다.

구 분	수세판단 기준	정지 · 전정 요령
수세가 약한 사과나무	· 신초가 30cm 이하로 가늘다 · 꽃눈은 많으나 크기가 작다 · 도장지 발생이 없고, 단가지가 많다 · 나무줄기의 색이 적색에 가깝다 · 잎은 낙엽이 된다 · 과실 착색은 좋으나 크기가 작다	· 강전정으로 눈수를 적게 남긴다. · 단과지와 결과모지를 솎아준다. · 약한가지는 솎아주고, 발육지와 도장지는 많이 남긴다. · 밑으로 처진 가지는 강하게 절단하여 갱신(更新)시킨다. · 절단전정 위주로 한다.

[정지 · 전정의 원칙]

① 주간을 세워야 나무 전체의 세력 균형을 유지할 수 있다.
② 주간보다 굵은(1/3이상) 가지는 기부에서 잘라낸다.
③ 위쪽의 가지가 아래쪽 가지보다 굵으면 기부에서 잘라낸다.
④ 위로 선 가지는 세력이 과다하게 되고, 주위의 세력 균형을 깰 우려가 있으므로, 유인하거나 제거한다.
⑤ 아래로 늘어진 가지는 세력이 약화되기 쉬우므로, 유인하여 올려주거나 제거한다.
⑥ 안쪽으로 향한 가지는 다른 가지에 나쁜 영향을 미치므로 기부에서 제거한다.

[가지의 생장습성]

① 큰 가지가 세력이 강하다
② 가지의 가장 높은 곳에 있는 잎눈에서 세력이 강한 새 가지로 자라고, 그 영향에 의하여 아래쪽 가지의 생장은 억제되거나 숨은 눈이 된다.(정부 우세성)
③ 가지를 세울수록 강해지고, 눕힐수록 약해진다.(리콤의 법칙)
④ 동계전정은 가지생장을 강하게 하고, 하계전정은 약하게 한다.

[가지 생장의 법칙]

① 착생위치가 같고 분지 각도, 길이, 세력이 같은 두 개의 가지는 같은 세력으로 자란다.
② 다른 조건이 같다면 분지각도가 좁은 가지는 넓은 가지보다 강하게 자란다.
③ 분지 각이 같다면 원줄기에 높이 부착된 가지가 낮게 부착된 가지보다 강하게 자란다.

④ 다른 조건이 같다면 굵은 가지가 가는 가지보다 강하게 자란다.

⑤ 원줄기에 가까이 부착된 가지가 멀리 부착된 가지보다 강하게 자란다.

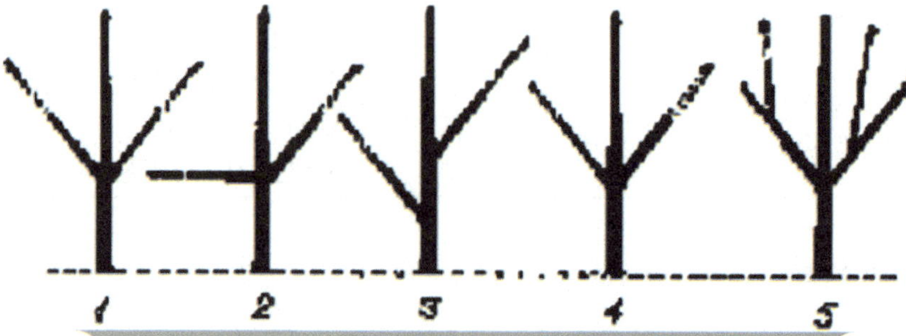

〈그림 6-1〉 가지 생장의 법칙

[신초 발생 촉진 방법]

① 똑바로 선 가지의 경우 정단부의 눈으로부터 자란 가지가 가장 세력이 강하고, 아래로 내려올수록 약하다.

② 위로 비스듬히 자란 가지의 경우 최상단 가지가 세력이 가장 강하다.

③ 수평으로 자란 가지의 경우 위쪽으로 향한 짧은 가지가 여러 개 나온다.

④ 휜 가지의 등성이 부분에서 새가지가 유발 될 경우, 등성이 부분에서 가장 강한 가지가 자란다.

⑤ 가지가 아래로 향할 경우 아래로 유인된 가지는 화아가 형성되고 과실이 달리지만 과실의 품질은 대게 저하되며, 결과지는 빨리 노쇠(老衰)한다. 그리고 기부에서 강한 가지가 유발된다.

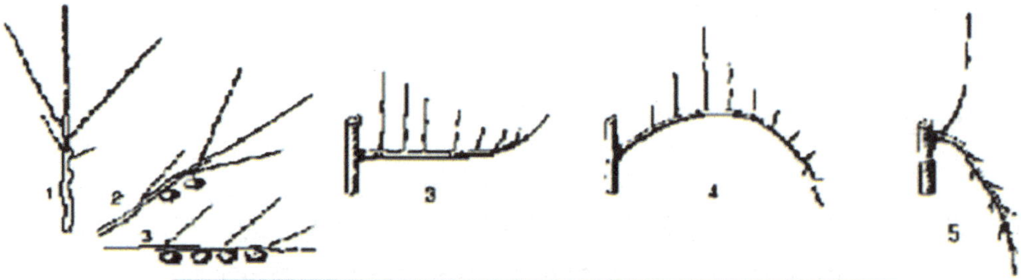

〈그림 6-2〉 신초 발생 촉진 방법

[가지 절단에 따른 반응]

① 모든 절단 전정은 절단 위치 바로 아래에서 강한 가지가 발생된다.
② 선단부만 아주 조금 절단 전정하면 남아 있는 여러 개의 눈이 터져 나와 많은 수의 새순이 비교적 짧게 자란다.
③ 가지의 총 생장 길이는 나무를 적게 잘라낼수록 길어진다.
④ 수관에 가해지는 절단은 뿌리의 발달 역시 억제시킨다.

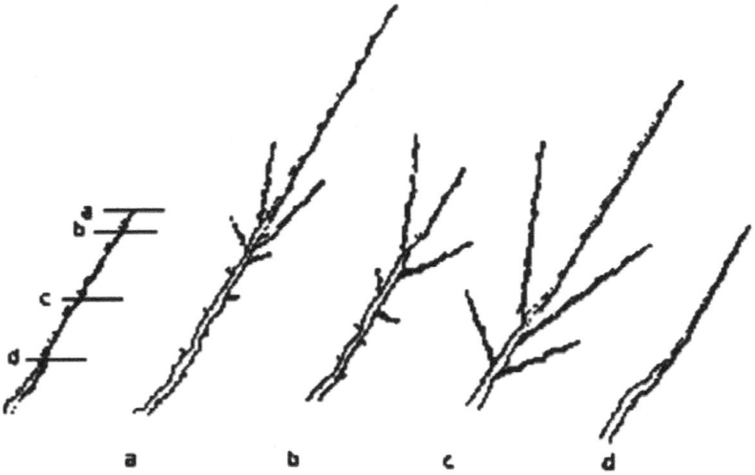

〈그림 6-3〉 가지 절단에 따른 반응

[강전정(强剪定)과 약전정(弱剪定)]

강전정(强剪定)을 하면, 새 가지의 세력이 강해져서 생장이 늦게까지 지속되기 때문에 수체 내 양분의 축적이 적어 꽃눈 형성이 불량하고, 뿌리 생장도 떨어지게 된다.

약전정(弱剪定)을 하면 새가지 생육은 약하게 되지만, 초기 잎 면적이 많아지고 꽃눈 형성도 좋게 된다. 따라서 나무의 생산성을 높이기 위해서는 가능한 한 약전정을 하는 것이 좋으나, 지나치게 가지를 많이 남기면 수관(樹冠)이 복잡해지고 나무의 세력이 떨어지게 된다.

일반적으로, 나무의 세력이 강한 경우에는 약전정을, 약한 경우에는 강전정을 한다. 유목기에는 약전정을 노목에는 강전정을 해야 좋은 수세를 유지할 수 있다.

[절단전정과 솎음전정]

겨울전정에서 1년생 가지를 절단하면 절단 부위에서 2~3개의 강한 새가지가 발생된다. 가지의 절단 정도가 강하면 강할수록 강한 새가지가 발생하는데, 이 경우 단과지(短果枝)로 발육할 눈이 강한 새가지나 잠아(潛芽)로 되어 꽃눈이 형성되지 않는다. 따라서 결실시킬 가지는 절단을 해서는 안 된다. 절단 전정을 실시하면, 새가지가 강하게 생장하므로, 몇 년 계속하면 튼튼한 가지를 만들 수 있지만 꽃눈 형성은 늦어지게 된다. 따라서 튼튼한 골격지(骨格枝)를 만들거나 노목의 수세회복을 목적으로 하지 않는다면 가지를 절단하지 않는 것이 결실량 확보에 유리하다.

솎음전정은 전정의 자극이 솎아준 가지 근처에만 미쳐 새가지의 생장을 촉진하는 효과가 적으므로, 수관 내부의 광 환경을 좋게 하여 꽃눈 형성이나 과실 품질에 좋은 영향을 미치므로 솎음 전정 위주의 전정이 바람직하다.

나. 밀식재배 수형 구성법

[기본수형]

밀식재배는 작업을 단순화 및 효율화함으로써 과원에 투하되는 노력을 획기적으로 절감하여 경영비를 줄이고, 고품질의 사과를 조기 다수확 할 수 있는 재배 양식이다. 밀식재배에 적합한 수형은 그 지역의 환경 특성을 고려하여 다양한 방법으로 시도되고 있으나 유럽 등 선진국에서 주로 채택하고 있는 것은 세장방추형(Slender Spindle)이다. 세장방추형이란 좁은 크리스마스 장식나무와 같이 기부의 폭이 1~2.0m이고, 위로 갈수록 폭이 좁아지는 형태이며, 수고는 3.5m 내외이다. 그러나 유기재배에서는 병과 및 나방류 피해과를 수시로 제거해야하기 때문에 수고는 현실에 맞게 낮추는 것이 좋다. 또한 가장 낮은 측지(결실 가지)는 기계 제초와 멀칭 작업을 위해 충분한 공간을 두도록 일반관행보다 다소 높게 위치시킨다.

[유기재배에 적합한 묘목]

유기재배에서 초기 수관확대를 위해 성공조건 중 중요한 것은 묘목의 소질이다. 묘목은 충분히 성숙한 M.9 또는 M.26 자근묘를 선택한다. 대목의 길이는 40cm 정도이며, 접목부 위쪽 10cm

부위의 직경이 13mm 정도이고, 접목부 40cm 위에서 30~60cm 정도의 측지가 10개 이상 되는 묘목이다. 측지는 분지각도가 넓고 세력이 너무 강하지 않으며, 주간부에 골고루 위치하는 것이 좋다. 측지수가 많은 묘목일수록 조기 생산이 가능하고 수세가 안정된다.

[단계별 수형 구성 방법]

가) 재식 당년의 수형 구성

(1) 주간 연장지 관리

측지(側枝)가 10개 이상 많이 발생되고 최상단 측지 위쪽의 주간 연장지(延長枝) 길이가 60cm 정도이면 세력이 적당하다. 1m 정도로 세력이 좋을 경우에는 주간 연장지 상에 가지가 발생하지 않을 수 있다. 발아 전에 주간 연장지를 수평 또는 수평 이하로 유인하거나 측지발생을 원하는 부위에 스코어링하여 가지를 골고루 발생시킨다. 유인된 부분의 배면(背面)에 눈이 터 10cm 정도 자라면 선단(先段)을 다시 일으켜 세워 주거나, 다시 반대 방향으로 유인하여 측지 발생을 유도한다. 스코어링 아래에서 각도가 좁은 가지가 나오면 이쑤시개 등을 이용해서 유인한다.

(2) 측지 관리

길이가 50~60cm 이상인 세력이 강한 측지는 수평이나 수평이하로 유인(誘引)하여 세력을 안정시키고, 길이가 짧고 세력이 약한 측지는 유인을 하지 않거나 세력을 보아가면서 유인 여부를 결정한다.

주간 연장지의 세력에 비해 측지가 너무 약할 때는 최상단(最上段) 측지 위쪽 40~60cm에서 절단하여 측지가 세력을 받도록 한다. 측지 유인은 일반적으로 7~8월에 실시하며, 분지 각도가 좁은 측지는 길이가 10cm 정도 자랐을 때 이쑤시개 등을 끼워 분지 각도를 넓혀주고, 세력이 강한 측지는 수평 및 수평 아래로 유인하여 세력을 억제시킨다.

지상 60cm 이하에 발생되는 측지는 조기에 제거하고, 지나치게 굵은 곁가지(원줄기 굵기의 1/3 이상 되는 곁가지)는 위치에 관계없이 제거한다.

나) 재식 2~4년차 수형 구성

이 시기의 수형 구성 목표는 가급적 빨리 수관을 형성시켜 주어진 공간을 채우고 안정적인 생장이 유지되도록 한다.

강한 측지를 그대로 방치하면 수형이 흐트러지고 복잡해지므로 재식 1년차와 같은 방법으로 세력이 강한 새가지는 수평 또는 수평 이하로 유인한다. 세력이 약한 가지는 유인각도를 적게 하여 생장을 도모한다. 하단부의 측지가 너무 길게 자랐을 때는 꽃눈 달린 위치에서 자르거나 끝이 꽃눈인 약한 가지로 대체한다. 측지에서 도장성으로 자라는 가지는 조기에 찢어서 제거하는 것이 좋다. 측지 발생이 필요한 곳은 아상처리(芽傷處理)를 통하여 측지 발생을 유도한다. 주간 상단부에 발생하는 새가지는 조기에 유인추나 유인끈으로 유인하되 세력이 강한 가지일수록 유인을 강하게 하여 주간 상단부의 과번무를 방지한다. 주간 연장지는 나무의 수세나 투하노동력을 감안하여 그대로 키우거나, 목표 수고(樹高)를 정하여 주간을 유지하고자 할 경우에는 주간 연장지의 선단부를 목표 수고범위로 수평 또는 수평이하로 유인하거나, 주간을 약한 가지나 꽃눈이 형성된 가지로 대체한다. 유인한 기부에서 발생하는 새가지는 유인하여 꽃눈을 형성시키고 유인된 주간 연장지의 세력이 강해졌을 때 대체지로 이용한다.

다) 성과기 수형 관리

성과기에는 수관의 모든 부분에 햇볕이 골고루 들어갈 수 있도록 관리한다.
주간에 20~30개의 측지를 적당한 간격을 두고 배치되도록 한다. 늘어져 오래된 가지, 쇠퇴한 가지를 중심으로 갱신하여 생산성 높은 젊은 결과지가 주간에 배치되도록 노력한다. 또한, 성과기 관리에서 중요한 점은 밀식장애가 일어나지 않도록 주어진 공간에 수고와 수폭을 제한하는 것이다.

기부에는 3~5개의 반영구성을 지닌 다소 강한 하단(下段) 골격지를 두되 나무의 균형 있는 세력 유지를 위하여 완전히 솎아내지 않고 필요하면 연차적으로 교체해 준다. 나무의 아래 부분에는 다소 강한 가지가 배치되고 위쪽으로 갈수록 점점 약한 측지가 배치되어야 하며, 지나치게 굵은 곁가지(원줄기 굵기의 1/3이상 되는 곁가지), 직립된 가지 및 복잡한 가지는 제거한다.

겨울철 가지치기를 할 때 측지의 지름이 2.5㎝가 넘고 열매가 잘 맺히지 않는 가지는 연차적으로 제거하고 2㎝ 이하의 가는 가지를 많이 남기는 것이 자람세를 안정시키고 수량과 품질을 높이는 데 유리했다.

다. 일반 성목나무의 수형 구성법

기존의 성목 사과원은 대부분 일반대목 및 준왜성대목을 이용한 주간형 또는 변칙주간형이다. 이들은 대부분 수고가 4~5m 정도의 거목형으로 생산량은 적고 과원에 투과되는 노동력은 많이 드는 문제점을 안고 있다. 이를 해결하기 위해서는 사과나무의 키를 낮추는 것과 각 가지에 햇빛이 잘 들어갈 수 있도록 전정하는 것이다.

[수형 구성]

사과나무에 발생하는 가지의 세력은 원뿌리와 거리에 반비례한다. 즉 가지의 발생 부위가 뿌리에 가까울수록 가지의 세력은 커진다. 일반 사과나무가 15년생 이상의 성목이 되면, 많은 가지가 길게 자라 나무의 안쪽 부분에 그늘이 짙게 된다. 이런 나무는 수관 내부까지 햇빛이 잘 들어갈 수 있게 하고, 전체에 고른 결실이 이루어지게 하며, 관리 노동력이 적게 들게 하기 위해 개심자연형(開心自然形)으로 나무를 키운다. 또한, 가지가 골고루 수관에 배치되도록 관리한다(그림 6-4).

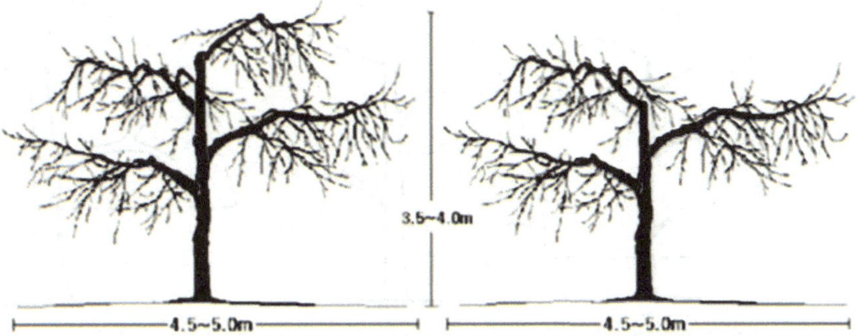

〈그림 6-4〉 교목성 사과나무의 수형구성

* 제1주지 지상 1m 정도, 제2주지부터는 0.5~1.0m 높게배치
* 제1, 2주지는 열 방향으로 배치, 작업 공간 확보
* 제 3(~4)주지는 열간 방향, 작업기 운행에 지장이 없는 높이

주지의 배치를 서로 겹쳐지지 않게 3본 주지의 형태로 가급적 공간을 고르게 차지하게 하고, 주지와 주지가 발생하는 부위에 지나치게 긴 측지가 발생하지 않도록 한다(그림 6-5). 주지에서 발생한 결과지의 모습이 긴 타원형이 되게 키우면서 좋은 결실을 맺을 수 있게 관리한다.

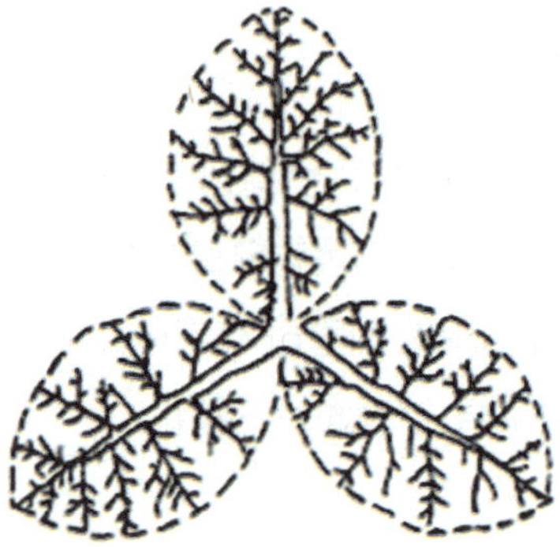

〈그림 6-5〉 주지와 측지의 배치 모습

[전정방법]

수령이 오래되고 수형이 완성된 나무는 오래된 가지는 솎아내고 새로 돋아난 가지는 보호하여 나무는 늘 젊게 유지하는 갱신전정 위주로 관리한다.

주지를 2~3개까지 남기는 것이 일반적이지만 4개까지 둘 수도 있으나, 주지수는 나무의 수령이 오래될수록 줄이는 것이 합리적이다(그림 6-6).

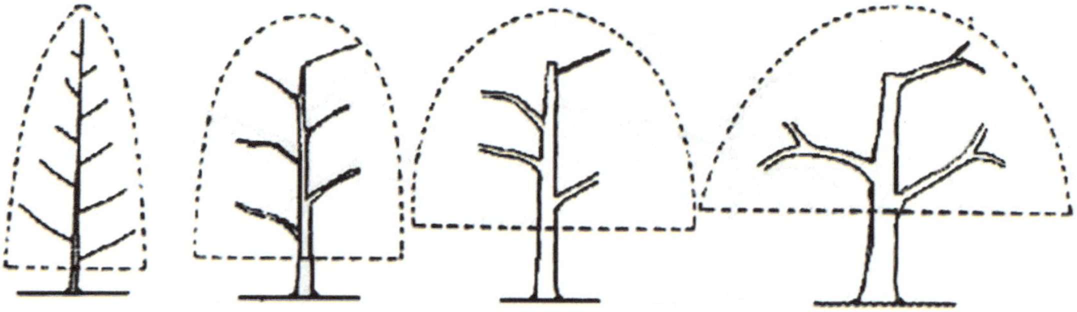

〈그림 6-6〉 성목원의 연차적 수형 구성방법

신초의 끝은 절단함이 없이 방임하고 새로 돋아나는 신초는 해마다 보호하고, 늙은 가지와 세력이 지나치게 왕성한 가지를 솎아내는 끊임없는 갱신 전정을 한다. 그러면 각 가지는 서로 그늘을 주지 않게 되어 과실은 색깔이 좋고, 또한 매년 화아분화도 잘 되어 해거리가 적어지게 된다.

주지 선단부의 신초, 꽃눈 발달한 2년생 가지, 과대지가 형성된 3년생 가지의 형성이 이루어지면 가지의 등쪽(背面)에서 돋아나서 정부우세성의 영향으로 세력이 지나치게 왕성한 도장지(徒長枝)는 기부에서 솎아버린다. 과대지 중에서 꽃눈 분화가 안 되고 햇빛 투입에 방해 될 만한 가지 몇 개를 솎는 정도로 가볍게 전정한다.

2본 주지나 3본 주지는 결과모지 위에 가늘고 짧은 가지가 많이 발달하여야 많은 결실을 이룰 수 있고, 다른 가지에 큰 그늘을 지우는 일이 적다.

가늘고 짧은 가지들을 많이 받기 위해서 오래된 가지 즉 3~5년 된 가지를 솎아내어 신초가 오래된 가지의 솎아낸 공간에서 꽃눈발생 및 결실이 이루어지게 해야 하므로, 오래된 가지부터 솎아내는 일을 매년 반복한다.

처음 신초의 끝에서 발생한 정아가 화아(花芽)로 발달하여 결실되면 주지 선단이 과실의 무게에 의하여 계속 아래로 처진다(그림 6-7). 이후 계속하여 과대지 끝에서 결실되고 또한 과대지의 정아와 함께 측아도 화아로 발달한다. 이렇게 지속적으로 결실 시키므로 주지에서 지면 쪽으로 수양버들 가지와 같이 드리워지면서 과실이 주렁주렁 달리게 된다.

이런 경우 주지는 지상 2m쯤에서 발달하여도 결과지는 모두 그보다 낮은 부위에 형성되어지므로 일반 사과나무를 사다리 없이 관리할 수 있게 된다. 이와 같은 하수지(下垂枝)를 많이 만드는 것이 일반 사과나무의 다수확 및 키 낮은 나무로 되게 하는 아주 중요한 역할을 한다.

우리나라의 일반 사과나무는 주지수가 6개 이상 되고 키가 6m 이상 되는 것이 대부분이므로 약 3~4년 계획으로 주지수를 3개로, 수고를 3m 가까이로 낮추는 정지를 서서히 실시한다. 그러면 나무에 큰 충격을 주지 않으며 수량의 갑작스런 감소 없이 수고를 낮추고, 수세도 안정시키면서 궁극적으로는 사다리 없이도 관리할 수 있는 일반 사과나무가 되게 할 수 있다. 가지가 늘어진 상태로 오래 유지되면 꽃눈이 약해지고 과실도 작아지므로 발생하는 새가지를 예비지로 하여 적당한 시기에 갱신해 주어야 한다(그림 6~7).

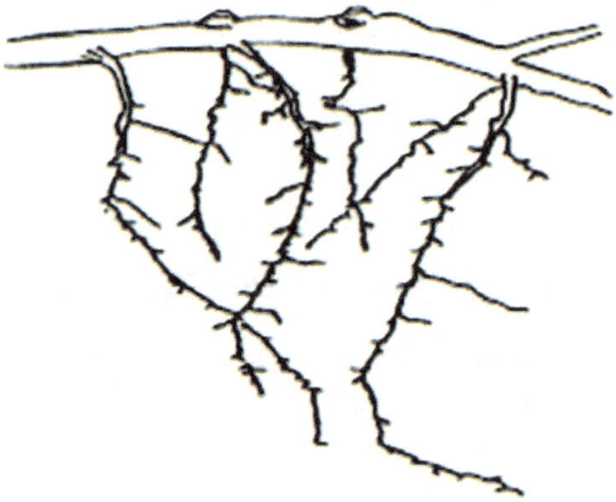

〈그림 6-7〉 주지상에 꽃눈이 직접 착생하여 과대지가 되면서 아래로 드리워져 하수지가 된 모습

라. 하계(여름) 전정

하계전정은 새가지의 생장이 시작한 이후부터 낙엽까지 사이에 실시하는 전정이다. 즉, 하계전정은 생육기 중에 잎이 붙어 있는 새가지를 자르거나 솎아 주는 작업으로 나무의 크기와 수형의 조절에 대한 하계전정의 효과는 여러 가지 요인에 의하여 크게 영향을 받는다.

[시기 및 방법]

가) 수관내부 도장지 제거 및 밀생가지 제거

수관내부에 발생하는 도장지나 밀생가지는 광투과와 통풍을 불량하게 한다. 햇빛을 충분히 받지 못해 연약한 상태로 자란 가지는 병해충의 발생이 많고, 농약살포에도 지장을 준다. 따라서 마무리 적과가 이루어지는 생육초기에 기부에서 찢기로 제거한다. 이렇게 하면 상처부위가 잘 아문다.

나) 사과나무의 수형구성을 위한 하계전정

왜성사과의 재식거리는 대목의 종류, 토양에 따라 결정된다. 수고와 수폭을 유지하기 위해서는 나무생장이 왕성할 때는 주간과 주지연장지 바로 밑에 발생한 경쟁지를 6월 상순~7월 중순에 솎음전정하거나 기부1cm내외의 그루터기를 남기고 절단한다.

다) 나무세력 억제를 위한 하계전정

세력이 강한 측지나 신초를 여름에 절단하므로 왕성한 자람을 억제하여 나무 수세의 안정을 얻을 수 있다. 자르는 시기는 광합성 작용이 왕성한 7월 중순~8월상 순에 실시한다. 방법은 세력이 강한 측지나 자람 가지를 솎음전정을 하거나, 1/3정도 잘라주어 잎면적을 감소시킨다.

라) 꽃눈 분화를 위한 하계전정

신초를 대상으로 생장점 부위를 제거하여 줌으로써 도장을 억제하고, 기부에 꽃눈유도를 도모하기 위한 방법이다. 보통 신초가 10~20cm 정도 생장시 실시하며, 주의할 점은 생육상태에 따라 적정 시기를 선택해야 2차 신장이 적고 꽃눈형성이 된다. 꽃눈 형성을 위한 여름 전정의 시기는 새가지의 신장이 멈추기 직전이다. 그러나 새 가지가 아직 한창 자라고 있을 때나 새가지의 신장이 완전히 멈춘 후에 하면 좋지 않다. 새가지의 신장이 멈추는 시기는 나무나 가지에 따라서도 다르다. 따라서 나무 전체로 보아 대개 새가지가 80%정도 (6월 하순에서 7월 상순) 성장을 멈추는 것을 기준으로 하여 여름 전정을 한다. 품종에 따라 다르지만 후지 품종은 아래와 같이 자른다.

① 30cm 전후의 새가지 – 4~5잎 남기고 자른다.
② 30cm 이상의 새가지 – 15cm에서 자른다.
③ 30cm 이상인 도장지

도장지를 자를 때에는 각도가 매우 좋거나 공간이 충분히 있는 경우 외에는 1~2개의 눈을 남기고 밑동에서 자르는 것이 좋다. 그러면 남은 눈에서 2차 생장지가 몇 개 나온다. 끝부분을 잘라내는 경우에도 꽃눈은 달리지 않는다. 끝부분을 자를 때에는 각도가 좋고 다른 가지에 방해가 되지 않는 경우로 수관을 확대할 때이다. 다른 가지와 관련해 강하게 자를 수 없을 경우에도 끝부분을 자르는 경우가 있다(그림 6-8).

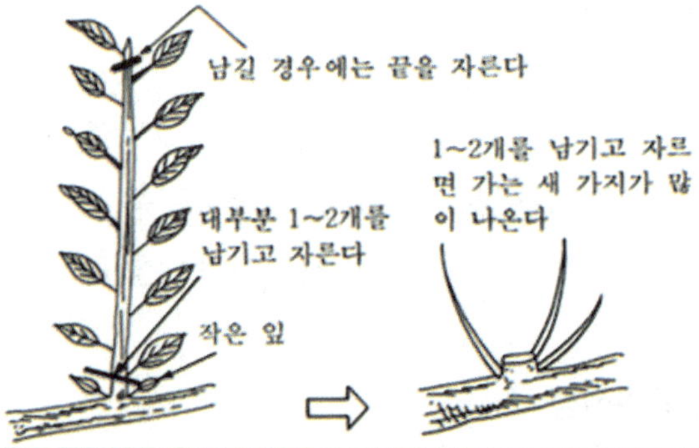

〈그림 6-8〉 도장지를 자르는 방법

(1) 2차 생장지 자르는 법

여름 전정을 해도 꽃눈이 달리지 않고 첫 번째의 눈에서 도장지가 생기는 경우가 있다. 이런 경우에는 다시 한 번 전정을 하면 좋다. 그러나 2회째의 전정은 어디까지나 여름 전정의 보조로 한다는 것을 염두에 두어야 한다. 여름 전정을 했지만 생각한 대로 꽃눈이 달리지 않았다. 또 꽃눈이 생겨도 빈약해서 이듬해에 과실이 열릴 것 같지 않다. 이럴 때 이듬해에 꽃눈이 되기 쉽게 하고, 꽃눈이 충실해서 과실을 수확할 수 있도록 힘을 실어 주는 것을 목표로 두 번째 전정을 한다(그림 6-9).

두 번째 전정을 하는 것은 잎따기 시기이다. 이때는 아직 나무가 활동을 하고 있고 잎에서는 광합성이 이뤄지고 뿌리에서는 양 · 수분이 흡수되고 있는 때이다. 그래서 전정을 한 후 결과가 바로 나타나게 된다. 겨울 전정과는 다르다. 전정 결과가 나타나기를 기대하고 이 시기에 두 번째 전정을 하는 것이다.

〈그림 6-9〉 2차 생장지 자르는 시기와 방법

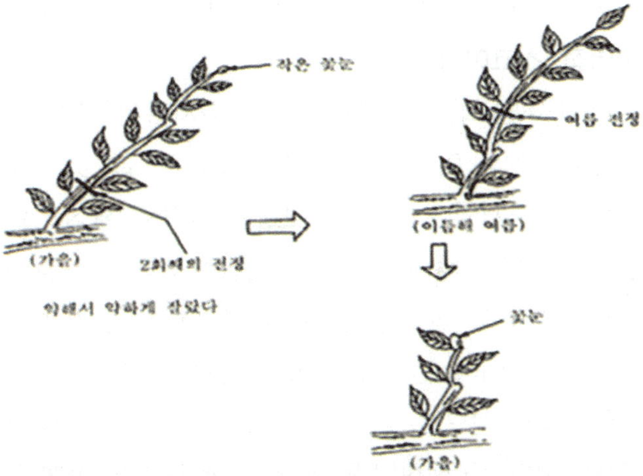

〈그림 6-9〉 2차 생장지 자르는 시기와 방법

마) 착색 및 과실품질을 위한 하계전정

과실착색을 양호하게 하기 위한 하계전정은 과실의 착색기에 과실에 그늘이 지는 가지를 솎아 내거나 단축전정을 한다. 시기는 2차 생장이 일어나지 않는 9월 하순에 한다. 새가지가 정아를 형성한 시기이므로 자름전정을 하여도 새가지의 재신장은 문제가 되지 않는다. 그러나 과실에 인접한 새가지를 과도하게 제거하면 착색은 양호하지만 크기와 당도가 저하되는 문제가 있다.

바) 기타 하계전정 방법

(1) 가지 비틀기(염지)

웃자람가지나 세력이 왕성한 새가지를 방치하면 꽃눈형성이 불량하고, 주변 가지의 생장에 나쁜 영향을 미치거나 전체 수형을 그르칠 우려가 있다. 이 경우 가지 비틀기를 하여 가지의 세력을 약화시키는 작업이다. 실시 시기는 가지가 여물어 쉽게 부러지기 전인 5월중~하순에 도장성 가지 등을 결과지가 되도록 가지 비틀기를 실시한다.

(2) 가지 유인

가지의 분지각도가 넓을수록 영양생장은 억제되고 상대적으로 생식생장이 촉진된다. 따라서 분지각도가 좁게 나오는 새가지는 그대로 방치하면 가지의 생육이 지나치게 왕성하여 꽃눈형성이 불량해진다. 가지 유인을 하여 분지각도를 넓게 하여 가지의 세력을 조절해 준다. 가지의 유인은 새가지가 경화되기 전인 생육 초기에 하는 것이 작업도 편하고 효과도 크다. 신초의 발생 후 20~30cm 정도 자랐을 때 유인추, 너트 등을 이용한 유인을 실시한다.

(3) 환상박피, 박피역접, 스코어링

수세가 왕성하여 결실이 잘 안 되는 나무의 세력을 약화시켜 결실을 촉진시키는 비상수단으로 5월 하순~6월 상순에 수액 이동이 활발하여 수피가 잘 벗겨지는 시기에 실시한다. 환상박피는 원줄기나 원가지의 기부를 3~10㎜ 넓이로 환상으로 벗겨내는 작업이다. 박피역접은 나무의 원줄기를 지상 10~20㎝의 높이에서 폭 5㎝ 정도로 환상박피는 하지만 수피를 완전히 벗기지 않고 약 20%를 남겨 그 자리에 벗긴 수피를 상하 방향을 거꾸로 접착시킨다. 스코어링은 칼이나 전정가위 또는 톱으로 원줄기나 원가지 기부의 수피가 절단되도록 환상 혹은 나선상으로 1~3줄 정도 칼금을 내는 방법이다. 이들 작업으로 수피가 절단된 나무의 상부에서 생성된 동화양분은 상처 부위 아래로는 이동되지 못하므로 꽃눈분화가 촉진되고 과실의 발육과 성숙이 촉진된다. 그러나 뿌리의 생장은 감퇴되므로 지나치게 상처를 많이 주면 수세가 약화되어 나무가 쇠약해지므로 주의해야 한다.

[참고 자료]

- 국립원예특작과학원. 2013. 사과재배(농업기술길잡이 5). 농촌진흥청.
- http//www.nongsaro.go.kr 농업기술 → 농업기술정보 → 영농활용기술.
- 永澤鶴松. 1980. リンゴの新しいせん定法. 農山漁村文化協會.
- 박무용 외. 2009. 세장방추형 수형관리 및 정지전정. 사과시험장.

Chapter 07

토양관리

토양관리

유기 사과 생산에서 토양 관리는 두 가지 원칙적 목적을 가진다. 하나는 토양 비옥도(생물적 활성과 물리적 안정성)를 지탱하고 유지하는 것이며, 다른 하나는 적절한 양과 시기(기비, 추비, 잡초 방제/피복작물과 관수)에 나무에 수분과 양분을 공급하는 것이다.

가. 비옥도관리 및 토양개량

[토양개량의 기본적 사고방법]

선도 유기재배 농가는 토양개량이 유기재배에서 가장 기초를 이루는 것으로 인식하고 있다. 토양개량은 토양의 물리성, 화학성 및 생물성의 건전성을 높여 사과나무의 생산능력을 유지 향상시키는 것이다. 또 유해한 미생물을 상대적으로 적고 다양한 유용미생물이 다수 생존해 활발하게 활동하는 토양환경을 만드는 것이 중요하다. 유기재배에서는 사과나무를 건강하게 키우는 것이 병해충의 억제와 직접 연결되어 있기 때문에 뿌리의 건전한 발달을 중시하고 있다. 이를 위해서 유기재배에 있어서는 일반적으로 유기물자재의 투입과 풋거름(녹비) 및 초생재배 등으로 비옥도를 관리하고 있다.

[토양의 물리성 개량]

가) 사과원의 토양조건과 사과의 적응성

좋은 품질의 사과를 안정적으로 생산하기 위해서는 우선 개원전이면 적지를 선정하고 특히 배수조건과 토양모제에 대해서는 세심하게 고려 할 필요가 있다. 사과는 영년생 작물이기 때문에 한번 재식하면 나무의 생육과 동시에 매년 근계가 넓고 깊게 되기 때문에 이들의 중요성이 높다. 모재와 지형에 의해서 토양특성이 크게 영향을 받는다. 불량지, 부적지에 재배를 하는 경우 개원 전에 배수설비 정비와 경반층 파쇄, 객토 등으로 토양개량을 하는 것이 바람직하다.

(1) 토양물리성이 좋은 포장의 선정

유기재배 사과원을 개원하는 경우 가장 문제가 되는 것은 토양 물리성이 좋은 포장을 선정하는 것이다. 특히 배수성이 나쁘면 토양수분이 많고 기상이 적은 토양이 되어 근권분포가 표층에 제한되기 쉽다. 배수가 양호하면 그대로 개원해도 좋다. 논을 사과원으로 만든 곳은 배수가 불량하므로 암거와 명거배수 시설을 한다. 사과의 토성에 대한 적응성은 배수가 양호해서 통기성이 좋은 사양토 및 양토가 적합하다.

나) 사과원 개원에 적합한 토양물리성 개량

사과원의 토양물리성은 표토뿐만 아니라 심토의 상태도 중요하다. 뿌리가 신장하기 쉽게 유효토심이 깊고, 심토까지 부드러워서 배수가 잘 되고, 물보유성도 좋은 것이 필요하다. 사과나무의 수세가 나쁜 원인은 많지만 대부분의 경우 뿌리의 양적 감소가 공통인 현상이다. 세근의 감소 원인은 토양물리성의 악화인 경우가 많다.

▶토성 차이에 따른 토양개량의 유의점

– 점질 토양원

점질토양의 최대 문제는 물리성, 즉 기상이 적어 근권이 발달하기 어려운 점이다. 대책은 유기물에 의한 개량이 가장 유효하다.

– 하천변 사질토양

보비력, 보수력을 높여 토양양분을 풍부하게 하는 것이 개량 목표이다. 볏짚 등의 유기물과 CEC가 높은 물질(예: 제올나이트)을 시용하면 보수력이 높아진다. 유기물 시용량은 점질토양과 같이 물리성 개량이 주목적인 경우보다는 적지만 유기물 시용량이 많을수록 뿌리의 량이 많은 경향을 보인다.

다) 사과원 개원 후의 토양물리성 개량

사과원의 토양개량은 한번 개량하면 같은 장소에서는 얼마동안 개량할 기회는 없다. 그러나 해가 갈수록 SS기 등 중장비 주행으로 토양은 압축되어 물리성이 악화된다. 또한 유기물이 분해되어 토양의 공극량 및 양분이 감소하여 사과나무는 새로운 뿌리의 발생이 적어지고 활력이 떨어져 수세가 약해진다.

개원 후에 일반대목과 같이 재식거리가 넓은 사과원 관리는 계획적으로 구덩이를 파고 거친 유기물과 토양개량자재를 넣는 방법으로 토양의 물리 · 화학성을 개량하는 것을 장려했다. 그러나 최근에는 관행재배 뿐만 아니라 유기재배 밀식과원에서는 개원 전에 사과원 전체를 개량하고 안정화시킨 후 사과나무를 심어 개원하고, 이후 유기물 시용과 초생재배를 통한 토양 만들기를 하고 있다. 또한 사과 유기재배 농가에 토양물리성 개선을 위해서 EM 미생물(Lactobacillus rhamnosus 2×105cfu/m + Pichia deserticola phaff 3.7×104cfu/ml) 원액을 배양하여 500배액을 사과원 토양에 4월 중하순에서 6월까지 15일 간격으로 수관하부에 토양관주 처리하면 토양물리성 개선에 도움이 된다(그림 7-1).

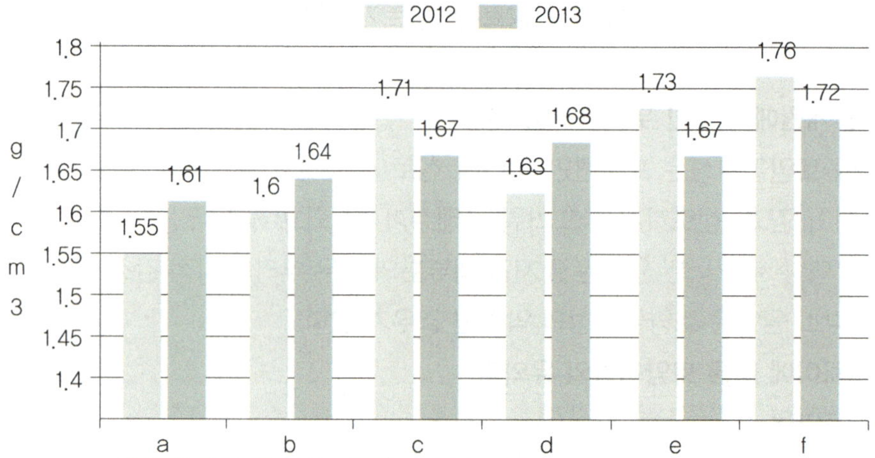

〈그림 7-1〉 미생물 자재 처리에 따른 전용적 밀도 변화(30cm)(사과연구소 2013)

a: EM Lactobacillus rhamnosus 6.2×105cfu/ml+Pichia deserticola phaff 3.7×104cfu/ml, b: BMW 활성수, c: 유산균,효모균(FM) Pichia anlmala 1.2×104cfu/ml, Lactobacillus Confusa 1.5×106cfu/ml, d: 토착미생물 Bacilus Subtilis 2.20×106cfu/ml, e: 토착미생물 Rhizopus 2.0×104cfu/ml, f: 무처리(대조)

나. 표토관리

지표식물의 뿌리 활성이 토양의 물리적 특성을 개선시키고 토양 생물상을 개선시키기 때문에 중요한 기능을 수행한다. 지표식물은 천적들을 위한 서식처를 제공함으로 사과원의 생태계를 안정화시킨다. 유기재배에서는 반드시 초생재배를 해야 한다. 그러나 유목부터 수관하부까지 전면초생재배와 관리 미흡으로 피복작물과 양수분의 경합을 겪고 있는 경우도 있다. 사과원은 표토(表土)관리 방법에 따라 토양의 물리 · 화학적 성질뿐만 아니라 사과나무의 생육과 과실의 품질도 다르게 된다. 표토관리로는 청경재배, 초생재배, 멀칭재배 및 절충 재배방법이 있다. 각

방법마다 장 · 단점이 있어 수령, 과원의 위치, 토성 및 농가 조건에 따라 다르게 선택해야 하며 경우에 따라서는 다른 방법을 절충하여 관리하는 것이 합리적인 방법이다.

[청경법]

사과원에 발생하는 잡초를 로타리작업(중경) 등으로 모두 제거하여 풀이 없이 관리하는 방법이다. 유기재배에서 로타리작업(중경)을 하면 토양중의 질소의 질산화작용이 촉진되고 무기태질소가 증가해 생육이 좋아진다. 양 · 수분의 경합이 없다. 그러나 부식의 소모가 많고, 유기물을 보급하지 않으면 지력이 저하한다. 경사지 사과원에서는 표면의 비옥한 토양이 유실되어 유기물이 적은 불량한 토양이 되기 쉽다. 일반관행원에서 일반대목의 큰 수형에서는 수관하부를 관리기용 로타리로 주기적으로 중경을 하는 사과원이 있지만 현재의 재식체계에서는 수관하부를 중경하기에는 현실적으로 어렵다. 하지만 외국에서는 수관하부 전용 중경기로 3~4회 실시하고 있다. 따라서 국내에서도 빠른 시일내에 수관하부 중경기의 실용화가 필요하다.

[초생재배]

사과원에 일년생이나 다년생 목초 또는 자연적으로 발생한 잡초를 키우는 방법이다. 유목일 경우 전면초생은 양수분의 경합이 심하기 때문에 수관하부는 청경 또는 멀칭으로 재배하고 열간은 초생재배하는 절충식 부분초생재배로 관리를 한다. 3~5년 이후 수관하부까지 전면초생으로 관리할 수 있다. 이때 수관하부에 재배하기 때문에 일조가 부족하여도 잘 자랄 수 있고, 뿌리의 분포가 깊지 않아서 사과나무와 양분이나 수분과 경합을 일으키지 않으며, 병충해를 옮기지 않는 풀을 선택해 재배해야 한다. 목초로는 켄터키블루그라스와 화이트클로버 적당하고, 자연잡초를 그대로 이용할 수 있다. 열간에는 목초로는 톨페스큐와 켄터키블루그라스가 피복 효과가 좋고 뿌리 발달이 충분하여 적당하다. 파종량은 3kg/10a정도면 가능하고 목초 종자는 축협 등에서 신청하여 구할 수 있다. 전면 초생법은 전체를 초생으로 토양을 관리하는 것이다. 예취한 풀의 환원과 토양 중의 풀뿌리의 부숙에 의해 유기물이 증가하고 토양표면의 류수방지에 의한 토양침식 방지가 가능하다. 토양의 단립화 방지와 투수성의 향상에 의한 토양구조가 개량되어 뿌리의 활력유지와 지력의 유지증강의 효과를 나타낸다. 문제점은 양 · 수분 경합이며 양분의 경합은 주로 질소이며 다른 성분이 문제가 되는 경우는 적다. 질소의 경합은 초종에 따라 다르다. 벼과의 경우는 영향이 많지만 콩과는 경합이 거의 보이지 않는다. 초생재배를 할 때는 나무와 양 · 수분이 경합되므로 풀을 베는 횟수와 시기, 시비량 등을 조절해야 한다. 풀이 많이 자랐을 때 베는 것은 질소를 공급하는 것과 같은 효과가 있으므로 사과나무의 질소함량 상태를 고려할 필요가 있다.

[피복(멀칭)재배]

멀칭재배는 수관하부의 토양표면을 여러 종류의 자재로 피복하여 관리하는 방법이다. 피복자재는 예초시에 나온 풀이나 짚, 왕겨, 톱밥 등과 같은 유기질 자재와 보온덮개, 폴리프로필렌(P.P.필름), 흑색비닐, 반사 필름 등과 같은 무기질 자재로 나눌 수 있다. 풀이나 짚의 피복은 수분보존 효과와 토양에 부식함량 또는 비료성분을 증가시킬 수 있다. 잡초방제 효과를 보기 위해서는 두께를 10cm이상으로 해야 한다. 그러나 장기간 피복할 경우, 뿌리가 지표부근으로 발달할 우려가 있고, 질소의 흡수와 축적이 많아져 착색이 불량해질 수 있으므로 주의해야 한다. 잡초발생 억제만을 목적으로 할 경우는 광을 차단할 수 있는 자재(보온덮개, 폴리프로필렌, 차광망) 등을 피복한다.

[절충재배]

절충재배란 청경재배, 초생재배 및 멀칭재배를 혼합하여 가장 합리적인 방법으로 표토를 관리하는 방법이다. 열간에는 초생재배를 하고, 수관 하부는 주로 멀칭하여 잡초 발생을 억제한다. 가장 좋은 방법은 과수원의 위치나 토양조건, 나무의 상태와 농가의 능력을 고려하여 선택하는 것이 바람직하다.

과수원 면적이 적을 경우 효과적인 방법으로는 나무밑은 볏짚 또는 P.P.필름 등을 이용 피복하여 풀이 나는 것을 방지하고 골 사이는 벼과 목초, 콩과목초 또는 자연 초종 등이 자라도록 하여 토양침식도 방지하고, 유기물의 공급원으로 이용한다.

다. 배수와 관수

[배수]

논지대, 경사지의 아래쪽에 분포하는 사과원 및 점질로서 치밀한 토층이 존재하는 곳에서는 배수가 불량한 곳이 많다. 최근에 증가하는 논을 전환한 사과원의 대부분도 배수불량지로 나타난다. 배수가 불량한 사과원에서는 발아, 개화 및 생육이 지연된다. 토양의 과습에 의해 생육불량, 생리장해의 발생, 수량 및 품질의 저하가 일어난다. 또한 이른 봄이나 강우 후에는 SS 등 작업기 주행의 어려움 등 직 · 간접적으로 사과 생산을 저해하고 있다. 배수 방법은 명거와 암거배수 두 가지로 구분하여 실시할 수 있다. 명거배수는 설치작업이 간편하고 비용이 적게 든다. 그러나 과수원 표토에 고랑이 생기기 때문에 과수원 작업에 불편을 준다. 암거배수 방법은 토성과 지하수위 등에 따라서 다르다. 일반적으로 지하수위가 문제가 될 때는 1.0~1.2m 내외 깊이에 110mm 유공관을 90% 차광망을 2~3회 감거나 PP필름(개량 부직포)을 밑에 깔고 유공관 두고 감싸는 방법으로 깊게 설치한다. 지하수위가 문제가 되지 않고 뿌리 부근의 물을 제거할 때는 60~80cm 깊이에 설치하며 간격은 재식열에 따라 설치하면 효과적이다. 그러나 논을 사과원으로 전환한 곳에서는 먼저 우회 배수로를 설치해 주변 논에서 물이 과원내로 유입되지 않도록 차단하는 것이 중요하다.

[관 수]

가) 관수의 중요성

사과나무가 잘 자라고, 좋은 과실을 얻기 위해서는 적당한 수분이 필요하다. 5~6월과 9~10월에 가뭄의 정도가 심해 관수가 반드시 필요한 사과원이 많다. 특히 하천 부지, 유효토심이 얕은 경사지에 위치한 과원, 사토~사양토 사과원은 비가 오지 않는 기간이 길면 가뭄 피해를 받게 된다. 관수효과는 평균 과중과 수량이 증가하고 생육도 좋아져 품질이 우수한 과실을 생산할 확률이 높아진다. 관수는 양분 흡수를 촉진하여 과실 내 양분 함량도 증가시킨다. 특히 물관을 통해 칼슘의 흡수가 용이하게 되어 생리장해(고두병, 코르크스폿트, 홍옥반점병)을 예방하고 저장력을 증진시키는 효과가 있다. 관행농업에서 물 부족을 극복하는 첫번째 방안은 보통 관수시설의 설치다. 그러나 유기재배 농가는 무엇보다 토양유기물 함량을 높여 수분보유 능력과 물의 토양침투 능력 개선 등이 더 먼저이다.

나) 생육시기별 수분관리

사과나무의 수분요구 정도는 생육시기에 따라 달라진다.

(1) 개화 전부터 만개 후 45일까지

잎의 전개와 발달, 개화 및 착과가 이루어지는 시기이므로 수분공급이 충분해야 한다. 이시기에 수분스트레스는 착과를 나쁘게 하고, 양분의 흡수를 불량하게 하여 잎의 발달이 늦어진다. 이 시기의 토양수분은 포장용수량(토양이 물을 함유할 수 있는 최대량)의 80%(−20∼−30kPa)수준으로 유지하는 것이 이상적이다.

(2) 6∼7월 새가지 신장기

생육초기 보다는 과실비대에 영향을 미치지 않는 범위 내에서 수분이 다소 적은 것이 좋다. 이것은 지나친 새가지 신장을 억제하고 조기에 정지시켜 꽃눈분화와 과실비대를 좋게 한다. 이때의 토양수분은 포장용수량의 30∼60%(텐시오메타−45∼−60kPa) 수준으로 유지하는 것이 바람직하다.

(3) 8월 이후 새가지 생장정지기

이 시기에는 토양수분을 포장용수량의 65∼80%(−30∼−40 kPa) 수준으로 높여주는 것이 과실의 비대와 분화된 꽃눈의 발달 및 가지의 목질화에 유리하다. 이때 수분이 부족하면 과실이 작아지고 관수를 많이 하면 과실의 착색이 나빠지고, 경도가 떨어져 과실 품질과 저장력에 나쁜 영향을 준다. 이후 수확 3∼4주 전에는 −60∼−70 kPa로 유지하고, 과실을 수확한 후에도 가뭄이 있을 경우 관수하여 조기낙엽을 방지한다.

다) 물주는 시기와 관수량

(1) 증 · 발산량에 의한 경험적 물주기

사과재배에서 물이 부족한 시기는 5월 중 · 하순부터 6월 중순까지 1차 한발기와 2차 한발기인 9월과 10월이다. 일반적으로 7∼10일 동안 20∼35mm의 강우가 없으면 물주기를 해야 한다. 1회 관수량과 관수간격은 토성에 따라 달리 한다(표 7−1). 예를 들어 수하식 미니스프링쿨러를 사용한 경우 사질 토양 10a당 20톤을 관수할 경우 관수면적이 전체 70% 정도인(살수 반경에 따라 다름) 약 14톤만 관수하면 된다. 이때 3.5×1.5m 간격으로 190주/1,000㎡ 심겨져 있고, 미니스프링클러가 시간당 20L 나오며, 1.5m 간격으로 설치되어 있다. 그러면 시간당 20×190= 3,800L(3.8톤)이 살수되기 때문에 14/3.8 = 약 3.7시간을 관수하면 된다.

표 7-1 **과수원 1회 관수량 및 관수간격**

토 양	관수량(톤/10a)	관 수 간 격
사 질	20mm	4일
양 토	30	7
점 토	35	9

(2) 토양수분 센서를 이용한 물주기

토양수분 센서에 물주기를 원하는 적정 수분범위를 설정하여 주면, 토양수분 함량에 따라 전기적인 신호로 변하게 하여 솔레이드 밸브가 열리고 닫히도록 하여 자동으로 관수를 하게 된다. 수분센서의 설치 위치는 뿌리가 가장 많이 분포하는 지표 하 15~30cm부위에 설치하는 것이 가장 효과적이다. 수분센서와 점적관수 핀과 거리는 양토 기준으로 60~70cm 내외이며 모래가 많이 섞여 있거나 암거배수 시설을 한 경우는 짧게 하고, 점질이 많이 섞여 있으며 좀 멀리 설치한다. 현재 토양수분 센서로는 텐시오메타(장력계)와 TDR 측정기를 이용하여 조절하는 방법이 실용화되어 있다. 토성별, 시기별로 텐시오메타 값이 제시된 관수 개시점에 도달되면 관수를 시작하여 압력계의 값이 −10kpa까지 내려가면 관수를 중단한다(표 7-2). 또한 토양 수분이 %로 표시되는 것은 토성에 따라 다르기 때문에 표 7-3를 참고한다.

표 7-2 **토양 종류에 다른 관수 개시점**

토 양	발아~6월 상순	6월 중순~상순	8월 중순 이후
사토	−25kpa	−40kpa	−25kpa
사양토	−30	−45	−30
식토	−35	−55	−35

표 7-3 **토성별 토양수분장력과 용적수분 함량**

구 분	−10kpa	−20kpa	−30kpa	−50kpa	−100kpa	−150kpa
사양토	18.6%	16.0%	14.2%	12.9%	10.8%	5.3%
양토	25.0	21.0	18.8	17.2	14.4	7.4

구 분	−10kpa	−20kpa	−30kpa	−50kpa	−100kpa	−150kpa
식양토	27.5	24.1	21.8	20.4	17.8	10.5
식토	36.7	33.3	31.7	30.4	28.1	21.8

라) 관수 방법

관수가 필요 할 경우 유기재배 농가는 신중하게 시스템을 선택해야 한다. 물 공급원을 남용하지 않고, 토양을 해치지 않으며, 식물 건강에 부정적인 영향을 미치지 않는 시스템이 좋다. 그 한가지 방안이 점적관수이다. 이때 점적핀은 압력보상이 되는 것을 사용하면 전체 면적에 고르게 물을 공급할 수 있다. 토성과 경사도, 경사방향, 기상조건에 따라 관수시간과 관수간격을 달리한다. 사질토와 경사지는 관수시간이 짧으면서 자주하는 것이 좋다. 예를 들어 증발산량이 하루 3mm 일 경우에는 1,000㎡에 3톤의 물량이지만 수관하부에만 관수한다면 약 1.5톤 정도를 공급하면 된다. 3.5×1.5m 간격으로 190주/1,000㎡ 심겨져 있으면 약 300m 길이의 재식열이 된다. 50cm 간격의 점적호스로 시간당 2.5L가 나오면 600개의 점적기에서 나오는 량은 1,500L(1.5톤)이다. 따라서 매일 약 1시간 정도를 관수하면 1.5톤 정도는 관수할 수 있다. 과원의 토성과 관수 방법에 따라 적셔지는 부분이 다르므로 배수가 잘 되는 모래땅에서 적셔지는 면적을 넓게 하기 위해 한번에 장시간 관수하는 것보다 관수 시간을 여러 차례 나누어 주거나 2줄을 설치한다. 이때 물은 오염이 없는 물을 이용하고 지하수는 가능한 공기와 반응시켜 산소가 풍부한 물로 공급한다.

[참고 자료]

- 국립원예특작과학원. 2013. 사과재배(농업기술길잡이 5). 농촌진흥청.
- http//www.nongsaro.go.kr 농업기술 → 농업기술정보 → 영농활용기술.
- 松本聽. 2003. 有機栽培技術の手引(果樹・茶編). 一 般財團法人 日本土壤協會.
- 박진면 외. 2015. 과수원 토양관리와 비료. 더북가든.
- 국립농업과학원장. 2013. 퇴비제조와 이용(농업기술길잡이 89). 농촌진흥청.
- Sean L. Swezey, Santa Cruz, Paul Vossen, Janet Caprile and Wal Bentley. 2000. organic apple production manual. university of california.

Chapter 08

비배관리

비배관리

유기 사과생산에서 비료 이용의 목적은 수량과 품질에서 좋은 성과를 얻기 위해 적절한 시기에 적당한 양으로 영양분을 공급하는 것이다.

나무의 영양상태가 부족하면 동화산물의 효율성과 활성은 감소하게 되어 병 저항성이 감소되고 꽃눈의 형성이 좋지 않게 된다. 따라서 수량 저하, 격년결과와 과실 품질 저하로 이어진다. 영양생장이 과다하면 신초에 의한 강한 칼슘 흡수 때문에 과실은 칼슘을 적게 저장하게 되어 품질이 낮아진다. 이것은 균형 있는 전정, 적과 그리고 시비 프로그램으로 이런 문제를 극복할 수 있다. 유기 과실 생산에서 화학비료는 이용할 수 없고 엽면시비는 단지 요구량이 검증된 곳에서 허용된다. 그러므로 토양물리성이 나쁘거나 배수가 좋지 않아 침수되는 토양에서 근본적인 원인을 교정 해야 하며, 엽면시비는 응급수단에 지나지 않는다. 적절한 시기에 적당한 양으로 충분한 영양분을 나무에 공급하기 위하여 유기 사과 재배자들은 자기 과원에 맞는 시비 프로그램을 확립해 전체적인 방법으로 토양 비옥도를 유지해야 한다. 이것은 충분하고 균형 있는 양의 영양분을 공급하는 것과는 별도로 토양 물리성 향상과 토양 미생물 활성이 증가되어 유지되는 것을 의미한다.

가. 사과나무의 양분흡수 특성

사과나무의 양분 흡수량은 시기에 따라서 변화한다. 즉 양분 흡수량은 5월 개화기 무렵에는 아주 적어 개화, 전엽은 전년도에 수체에 흡수된 저장양분에 의하여 이루어지고 있다. 그 후 6월 중순부터 7월 하순까지의 기간에는 서서히 양분 흡수량이 증가하고, 이 기간 중에 새가지 생장, 전엽, 그리고 과실의 비대가 왕성해 진다. 새가지 생장이 정지하고 꽃눈분화가 이루어진 후는 잎에 의한 광합성이 양분공급의 주체가 되므로 이 시기 이후에는 뿌리를 통한 양분 흡수량은 감소한다. 그러나 11월경에도 사과나무는 토양으로부터 소량이기는 하지만 계속

양분을 흡수하여 내년 봄 생장에 사용할 양분을 수체에 저장해 간다. 결실수는 미결실수에 비해 8월 이전에는 질소 흡수량이 많고 8월 이후에는 칼리 및 칼슘 흡수량이 많다. 이상과 같이 수체에 의한 양부흡수 특성을 생각하면 질소는 이른 봄부터 7월까지 비료가 주로 나타날 수 있도록 시비하는 것이 바람직하다.

나. 시비량 결정

[표준시비량]

사과에서의 관행 사과원의 표준시비량은 국내 · 외에서 실시한 비료시험과 엽분석을 통한 영양상태, 국내의 기상, 토양 등을 감안하여 설정하였다. 유기재배 사과원에서도 먼저 표준시비량을 참고해서 시비하고 수체 생육 및 수확물을 평가하여 가감한다.

표 8-1 일반사과에 대한 표준시비 성분량(kg/10a)

수 령	질 소	인 산	칼 리
	비옥지~척박지	비옥지~척박지	비옥지~척박지
1~4년	2.0	1.0	1.0
5~9	2.0~ 4.0	1.0~ 2.0	2.0~ 3.0
10~14	5.0~ 8.0	2.0~ 5.0	3.0~ 5.0
15~19	10.0~15.0	5.0~ 8.0	8.0~12.0
20년 이상	15.0~20.0	8.0~12.0	12.0~18.0

자료 : 작물별 시비처방기준. 2006. p.163.

표 8-2 왜성사과에 대한 수령별 표준시비 성분량(g/주)

대목	성분	수 령										성목 10a 당 시 비 량
		1	2	3	4	5	6	7	8	9	10	
M9	질소	20	50	100	150	180	220	250	250	250	250	질소: 12~15(kg)
	인산	10	25	50	75	90	110	125	125	125	125	인산: 6~8
M26	칼리	15	40	80	120	150	180	200	200	200	200	칼리: 10~12

표 8-3 후지/M.9 밀식재배를 할 때 표준시비량

수령 (연차)	수량(kg/10a)	표준 시비량 (성분량, kg/10a)		
		질소	인산	칼리
1	–	2.5	0.7	1.7
2	1,500	5.8	1.3	5.7
3	2,500	7.9	1.8	8.3
4	4,000	12.3	2.6	13.4
5	4,500	13.2	2.9	14.9

※ 밀식재배: 190주/10a / 자료 : 작물별 시비처방 기준. 2006. p.164

[토양검정에 의한 시비량]

사과원마다 토양내 양분함량이 다르기 때문에 양분함량을 정확히 판단하여 시비처방을 하는 것이 중요하다. 특히 유기재배는 양분공급에 사용되는 것들은 복합비료와 같이 여러 성분이 들어있는 자재들이기 때문에 토양양분 불균형이 일어나기 쉽다. 따라서 반드시 토양분석에 의한 시비를 한다. 유기재배는 보통 관행에 비해 10% 정도 적게 시비할 것을 추천하고 있으나, 정상적인 착과에서 보르도액 살포에 의한 스트레스 등을 고려한다면 관행재배와 유사한 수세를 유지하는 것이 좋을 것으로 생각된다.

가) 질 소

질소시비는 질소 공급원이 되는 토양유기물을 진단하여 질소의 시비량을 결정한다. 즉 사과원 토양의 평균 유기물함량 범위에서는 표준 시비량의 평균치를 적용하며, 토양 및 지역간의 차이에 의해 평균 유기물 함량 범위보다 적으며 표준 시비량의 평균치보다 더 주고, 유기물 함량이 많으면 덜 주어야 한다(표 8-4).

표 8-4 사과원 토양 중 유기물함량에 의한 질소 시비량

수 령	유 기 물 함 량 (g/kg)		
	15이하	16~25	26이상
1~4년	2.0	2.0	2.0
5~9	4.0	3.0	2.0

자료 : 작물별 시비처방 기준, 2006. p.164

수 령	유 기 물 함 량 (g/kg)		
	15이하	16~25	26이상
10~14	8.0	6.5	5.0
15~19	15.0	12.5	10.0
20년 이상	20.0	17.5	15.0

나) 인 산

토양검정을 통한 인산의 시비량(표 8-5)은 대부분의 유기재배 사과원이 적정범위를 초과하고 있기 때문에 토양 진단 후 시비량을 계산하여 시용해야 한다. 750mg/kg이상 되면 기비로 10a당 기본 시비량 1~3kg을 늦은 가을에 흡수를 촉진하기 위하여 시비한다. 사과원에 퇴・구비를 시용할 때에는 퇴・구비에 함유하고 있는 인산성분을 빼고 인산자재를 시용해야 한다.

표 8-5 사과원 토양 중 유효인산함량에 의한 인산 시비량(kg/10a)

수 령	유 효 인 산 (mg/kg)			
	350이하	350~550	551~750	751이상
1~4	1.0	1.0	1.0	1.0
5~9	2.0	1.5	1.0	1.0
10~14	5.0	3.5	2.0	2.0
15~19	8.0	6.5	5.0	3.0
20년 이상	12.0	10.0	6.5	3.0

자료 : 작물별 시비처방 기준, 2006. p.165

다) 칼 리

토양 중 칼리함량은 절대량이 부족하거나 과다하여도 문제가 되지만, 칼슘과 마그네슘과 함량비도 고려해야 한다. 치환성 양이온인 칼리, 칼슘, 마그네슘은 서로 길항작용을 함으로 칼슘 60~65%, 마그네슘 15%, 칼륨 5%내외로 염기포화도가 80% 정도를 목표로 칼리시비량을 결정한다. 칼슘이나 마그네슘 함량이 높으면 칼리 함량도 비율을 고려해야 한다(표 8-6).

표 8-6 사과원 토양의 치환성 칼리 함량에 의한 칼리 시비량(kg/10a)

수 령	토양 치환성칼리함량(cmol/kg)			
	0.5이하	0.51~0.80	0.81~1.10	1.11이상
1~4년	1.0	1.0	1.0	1.0
5~9	3.0	2.5	2.0	2.0
10~14	5.0	4.0	3.0	3.0
15~19	12.0	10.0	6.5	3.0
20년 이상	20.0	16.0	9.5	3.0

자료 : 작물별 시비처방 기준, 2006. p.165

라) 칼슘과 마그네슘

토양 내 칼슘 함량은 5~6cmol/kg, 마그네슘 함량은 1.2~2.0cmol/kg이 적정 범위이며, 토양산도는 6.0~6.5가 적정하므로 토양분석을 통하여 이 수준이 되도록 시비를 한다(개원의 토양개량부분 참고). 토양산도 교정을 위하여 일시에 다량의 석회분을 사용하게 되면 붕소, 철 등의 미량원소 부족 현상이 우려되므로 급격한 변화보다는 서서히 개량되도록 한다. 마그네슘이 부족할 때 천연황산가리고토(썰포마그)를 시용하여 적정범위에 도달하도록 한다.

다. 시비시기

생장주기에 따라서 과수의 비료성분 요구도가 다르다. 이는 잎이 피고 가지와 과실이 생장하는데 필요한 비료성분량이 다르기 때문이다. 즉 사과나무가 생장함에 따라서 비료성분의 공급이 적절히 조절되어야 한다는 것을 의미한다. 비료를 일시에 다 주면 일시적인 과잉흡수로 과번무가 되고 다음에는 비료부족현상이 나타나기 쉽다. 또 강우에 의한 비료분의 유실도 수반되며, 토양반응의 급격한 변화가 일어나서 생육이 나빠질 염려도 있다. 따라서 나무의 생육상태, 토양조건, 비료의 종류, 기상조건 등을 감안하여 비료를 분시해야 수량도 많고 품질이 좋아진다.

시비는 휴면기에 시용하는 밑거름(基肥)과, 생육 중에 시용하는 웃거름(追肥), 과실을 수확한 후에 시용하는 가을거름(秋肥, 禮肥)등으로 구분한다.

[밑거름(基肥)]

밑거름은 필요한 비료를 낙엽이 진 후부터 다음해 봄, 발아 전 까지 휴면기에 주는 거름이다. 밑거름은 낙엽 후 땅이 얼기 전에 겨울거름으로 시용 하는 것이 좋다. 이때는 부숙 유기질비료 위주로 한다. 봄 거름(춘비)는 비옥도가 낮거나 모래땅과 같이 용탈이 심하여 보비력이 떨어지는 토양이나, 전면초생으로 생육초기에 질소 경합이 일어나기 쉬운 사과원 또는 수세가 쇠약하여 수세회복을 빨리 시킬 필요가 있는 사과원에서는 해빙직후에 빨리 시용한다. 발아기인 생육 초기에 질소 공급에 문제가 있다. 이때에는 지온이 충분히 올라가지 않고 또한 미생물 활동도 낮다. 이때 나무가 0.5kg/10a 정도 흡수할 수 있는 형태로 질소를 주는 것이 필요하다. 초기 질소 공급으로는 퇴비 추출물 또는 액비 등이 유효하다

[웃거름(追肥)]

웃거름은 생육기간 중 부족한 비료 성분을 보충해 주어 신초생장, 꽃눈분화, 과실비대를 돕기 위해서 주는 거름으로 시비시기는 과실의 비대가 왕성해지기 전인 5월 하순~6월 상순이 적기이다. 그러나 비옥도가 높은 토양에서는 과실의 품질을 저하시켜 피하는 것이 좋다. 비옥도가 낮은 토양에서는 하도록 한다. 우리나라의 강우량은 7~8월에 집중되어 있어 토양의 침식도 많고 비료분의 용탈(溶脫)과 유실(流失)도 많다. 더욱이 이때는 과수에 비료성분의 흡수가 많고 과실 비대도 왕성한 시기이기 때문에 결실이 많은 과수원에서는 시기를 잘 판단하여 웃거름 주는 횟수를 2회 이상으로 하는 것이 좋다. 그러나 질소를 웃거름으로 많은 양을 시용하거나 속효성(速效性)이 아닌 비료를 시용하면 신초(新梢)의 생장이 늦게까지 계속되어 꽃눈분화가 불량해지며 병충해에 대한 저항성도 약해진다. 또한 과실의 착색이 불량해지며 저장력도 약해지는 폐단이 있으니 주의해야 한다. 부숙 유기질비료를 기비로 주고 추비로 유박, 아미노산, N 구아노 및 해초추출물을 관주와 토양시비한 시험에서 처리구간에서 토양 이 · 화학성, 수체 생육 및 과일 특성에서는 통계적인 차이가 없었으나 유박, 아미노산 및 N 구아노 처리구가 해초추출물처리구보다 대체로 좋은 경향을 나타내었다(표 8-7). 관행 재배에서는 시비설계와 수체의 영양진단에 의해서 주로 질소와 칼륨을 단일성분인 화학비료로 양을 조절할 수 있지만 유기재배에서 사용할 수 있는 것은 여러 성분이 포함된 자재가 대부분을 차지하고 있어 한 종류만 반복해서 사용하면 양분밸런스가 무너지기가 쉽다. 유기재배 시비에서는 또한 특정한 속효성 액비와 고체 질소 비료의 이용이 허용된다. 그러나 이런 비료를 이용하는 것은 쉽게 질소 불균형을 초래할 수 있고 품질 하락을 일으킬 수 있다.

비옥도가 낮은 사과원에서는 속효성 질소 비료만을 사용해서는 비옥도를 유지할 수도 없고 그렇게 해서도 안 된다. 따라서 유기재배에서는 토양분석을 바탕으로 작물이 필요로 하는 양을 계산하고 다양한 자재로 양분을 보충해 주는 것이 필요하다고 생각한다. 이때 유기질 비료(유박류)를 이용할 경우 분해되어 뿌리가 흡수할 수 있는 상태로 되는데 소요되는 시일은 지온, 강우량 등의 조건에 따라 차이가 있다. 유기질비료는 관행의 화학비료 시비시기보다 약 15~20일 먼저 시용한다. 유기질비료의 양분 유효화 기간은 일반적으로 15~30일이며 양분 유효화율은 70~70% 수준이다. 이때 신속한 시비효과가 필요한 경우 팰릿(pellet)형보다는 그래뉼(granule)형을 선택한다.

표 8-7 수체관리용 자재 처리에 따른 과실특성

처 리	주당수량 (kg)	과중(g)	Hunter Value a	경도 (kg/8m∮)	당도(° Bx)	산도(%)
아미노산	17.8a	298.3a	16.1a	4.89a	15.7a	0.39a
N구아노	14.8a	295.8a	16.1a	4.97a	15.7a	0.39a
해초추출물	13.9a	275.6a	16.7a	5.00a	15.9a	0.41a
유박	17.7a	285.0a	15.6a	5.08a	15.8a	0.38a

* Mean separation within columns by DMRT at 5%(2013. 사과연구소)

[가을거름(秋肥)]

가을거름은 과실을 수확 전후에 수세를 회복시켜서 광합성 작용을 높이고 저장 양분의 축적량을 증가시키기 위하여 시비하는 것으로 주로 속효성 자재를 시용한다. 저장양분의 다소는 내한성과 직접 관계가 있을 뿐만 아니라 다음해 봄의 발아와 생장에 좋고 개화, 결실에도 큰 영향을 준다.

가을 거름(추비)은 가을뿌리의 발달을 촉진시켜 질소뿐만 아니라 인산, 칼리의 흡수도 증진된다. 너무 일찍 시용하면 과실 착색이 문제가 되므로 후지의 경우 9월 하순~10월 상순에 시용한다. 인산은 밑거름(겨울거름 또는 봄거름)을 줄 때 전량을 준다. 칼리는 60 : 40 비율로 밑거름과 여름 거름으로 나누어준다. 봄 중점시비는 수세본위 또는 대과위주의 체계라고 할 수 있다. 전면초생에 의해 질소를 풀에 빼앗기거나 소비(少肥)재배 또는 질소비옥도가 낮은 토양이 아닌 한 무대로 좋은 품질의 사과를 생산하기 위해서는 곤란한 시비체계이다. 추비만의 시비법은 품질 본위의 시비 체계이지만 토양비옥도에 충분한 주의가 필요하다. 추비에 의하여 저장양분이 높아져도 비옥도가 낮으면 지력질소가 적기 때문에 수관형성 후의 질소영양이 불량하게 되고 수세유지나 과실비대에 지장을 받을 우려가 있다. 추비의 적기는 조생종에서는 신초의 재생장, 중 · 만생종에서는 과실에 악영향이 없을 때가 시점이다. 그 시기는 9월 상순부터 하순까지이며 품종이나 지역에 따라서 다르다. 시용시기가 늦을수록 뿌리의 흡수력이 약해지고 너무 빠르면 과실품질이 좋지 않기 때문에 적기시용이 중요하다. 또 추비에는 속효성의 질소비료를 이용하는 것이 원칙이다.

[분시(分施) 비율]

비료의 분시비율은 수령, 품종, 토양조건에 따라 다르나 표 8-8과 같다. 질소는 조 · 중생종은 6 : 2 : 2로 분시하나 만생종(후지)은 가을 거름을 주기가 곤란하면 수확 후(10월 말) 엽면시비로 대신하기도 한다. 유목, 착색이 매년 안 되는 나무, 도장지의 발생이 많은 나무는 웃거름을 생략한다. 칼리는 6 : 4로 분시하나 토성, 강우, 지형 등에 따라 분시를 자주 하여도 무관하다.

표 8-8 사과원에 대한 분시비율(단위 : %)

비료성분	밑거름	웃거름	가을거름
질 소	60	20	20
인 산	100	0	0
칼 리	60	40	0

인산은 모두 밑거름으로 시용하고 심경을 할 때 토양 전층에 시용하고, 칼리는 밑거름으로 60%정도 시비하고 웃거름으로 준다. 부숙 유기질비료(퇴비, 두엄, 우분 등), 석회, 고토, 붕사는 전량을 밑거름으로 시용한다. 특히 사질 토양은 보비력이 약하기 때문에 밑거름의 비율을 줄이고 덧거름의 횟수를 늘려 2~3회로 하는 경우도 있다.

라. 시비방법

[토양 표면살포]

토양시비는 수령, 토양조건, 경사도 등에 따라 다르지만 뿌리가 많이 분포된 위치에 시용한다. 부숙 유기물비료를 양분공급을 위해 목적으로 줄 경우에는 수관하부에 피복하여 시비하지만 토양물리성 개량 목적이면 부숙 유기질비료를 살포하고 관리기로 가볍게 로타리 한다(그림 8-1).

〈그림 8-1〉 부숙 유기질비료 표면살포 모습

[관비(灌肥) 및 관주]

관비란 시비와 관개의 합성어로써 작물양분을 관개수에 섞어 시비하는 방법이다. 관비재배에서 비료 주는 방법의 핵심은 질소와 칼리질 비료만 물에 녹여서 관주하고 나머지 인산, 석회 및 고토 등은 토양을 통해서 사과나무에 주는 것이다. 따라서 유기재배에서는 부숙 유기질비료로 기비로 주고, 전면초생으로 생육초기에 질소 경합이 일어나기 쉬운 사과원 또는 수세가 쇠약하여 수세회복을 빨리 시킬 필요가 있는 사과원 또는 생육기간 중 부족한 비료 성분을 보충해 주어 신초생장, 꽃눈분화, 과실비대를 돕기 위해서 추비로 주는 질소와 칼리 성분 이외에 N구아노, 아미노산 등 다양한 액비와 미생물 배양액 등을 줄 경우 관비 시스템을 이용한다. 관비 시스템은 컨트롤러를 이용하여 원하는 날짜에 원하는 량을 공급하도록 맞추어 놓으면 원액통에서 원액이 혼합통으로 이동되고 수위감지에 의하여 5~10톤의 물이 혼합된 다음에 관수 시스템을 통하여 자동적으로 공급되도록 설계되어 있다(그림 8-2). 또한 방법으로는 액비 등을 SS기를 이용해 토양에 살포하는 방법이 있다.

〈그림 8-2〉 관비 시스템과 SS기를 이용한 관주

[엽면살포]

비료 또는 각종 영양제로 토양에 시비하는 대신 나뭇잎에 살포하여 흡수시키는 것을 엽면시비 또는 엽면살포라고 한다. 따라서 엽면시비는 토양시비와 달리 일시적인 효과를 얻기 위한 것으로 뿌리에서 제 기능이 안 되어 흡수할 수 없을 때 나뭇잎에 살포하여 빠른 시일 내에 보충하고자 할 때 이용한다. 즉 응급조치라고 볼 수 있으므로 상시 이용할 수 있는 방법은 아니며 응급조치의 횟수가 많으면 뿌리의 기능이 떨어질 수도 있고 비용부담도 많아 생산비 절감에 역행하는 시비관리가 될 수 있다.

토양시비와 엽면시비 간에 양분의 이용정도 차이는 토양시비의 경우는 시용한 비료가 토양수에 녹거나, 미생물에 의하여 분해과정을 거쳐 뿌리주변까지 도달하였을 때 흡수하므로 해당성분이 지속적으로 흡수될 수 있는 조건이 되지만, 엽면살포는 엽면에 묻어있는 기간에 한정되기 때문에 지속성이 없다는 점이 차이라고 볼 수 있다. 또한 엽면시비는 각 요소별로 흡수의 용이성도 차이가 있다. 즉 엽면시비시 비료분이 사과잎에서 50% 흡수되는데 소요되는 시간을 보면 요소 4시간, 인산 7~11일, 칼리는 4일, 칼슘은 4~7일, 마그네슘 1시간에 20%, 철은 1일에 8%로 알려져 있다. 단용인 경우는 이 기간을 고려하여 재차 살포하는 시기를 결정하는데 참고한다. 따라서 엽면살포는 응급처치 방법으로만 활용하고, 근본 대책은 토양 내에서 공급될 수 있도록 해야 한다.

마. 비료 종류

▶ 유기물의 정의

토양유기물은 양적으로 볼 때 적은 양이지만 이들이 토양의 물리 · 화학적 및 생물학적으로 미치는 영향은 대단히 크다. 토양의 입단형성에 중요한 작용을 하여 완충능이 좋아지고, 양이온치환용량(CEC)을 높인다. 토양중의 유기물은 동 · 물의 잔재가 미생물 또는 화학작용을 받아 간단한 이산화탄소 이외에 갈색 또는 암갈색의 형태가 없는 복합체가 남게 된다. 이것은 리그린 단백복합체나 부식교질 복합체로 불균일 교질물의 집단이라 할 수 있다. 한편 분해되기 쉬운 물질은 분해되어 미생물의 영양원이나 에너지원이 되기도 한다. 유기물의 무기화작용으로 식물에 이용될 수 있는 여러 가지 간단한 물질이 생성된다.

- **탄소화합물로부터** : CO_2, CO_3^{-2}, HCO_3^-, CH_4, C 등
- **질소화합물로부터** : NH_4^+, NO_2^-, NO_3^-, N_2 등
- **황화합물로부터** : SO_3^{-2}, SO_4^{-2}, H_2S, CS_2, S 등
- **그 밖의 화합물로부터** : O_2, H_2O, K^+, Mg^{+2}, Ca^{+2}, PO_4^{-3}, HPO_4^{-2}, H^+, OH^- 등

▶ 유기물의 기능

– 식물의 양분 공급원

토양유기물은 완효성비료의 성질을 갖고 있다. 다량요소와 미량요소를 동시에 공급하며, 분해되기 쉬운 여러 화합물 등이 무기화되면서 각종 양분과 가스를 공급한다.

– 토양의 물리 · 화학성 개선

토양유기물은 입단 형성을 촉진하여 통기성과 보수성을 향상시킨다. 양이온 치환용량이 높아 토양의 완충능 향상에도 도움이 된다. 킬레이트 기능을 하여 활성 알루미늄의 생성을 억제하고 인산의 고정 방지와 유효화를 촉진하는 기능이 있다.

– 미생물상 활성 유지 및 증진

토양유기물이 증가하면 토양의 물리 · 화학적 성질이 개선됨으로 토양중의 중소동물과 미생물이 증가하게 된다. 그 결과 물질 순환기능이 증대되고 생물적 완충능이 좋아져 유해물질이 분해, 제거되며 안정화시키는 기능이 있다. 이상과 같이 유기물은 식물양분을 공급 · 저장하고 수분을 흡수하여 한발을 방지하며 토양의 성질을 개선하는 등 중요한

역할을 하기 때문에 토양내 유기물 시용은 매우 중요하다.

[부산물 비료]

우리나라 비료공정규격은 부산물비료는 유기질비료와 부숙 유기질비료로 구분되어 있다. 유기질비료는 어박, 골분, 대두박, 미강유박 등 18종이 있으며 내용물의 질소, 인산, 칼리 등 비료성분 함량을 공정 규격에 규제기준으로 적용하고 있다. 부숙 유기질비료는 가축분퇴비, 퇴비, 부숙겨 등 9종이 속하며 모두 내용물의 유기물함량을 공정규격으로 정하고 있다. 이들 모두 주성분이 유기질이라는 공통점이 있어 농가들은 유기질비료로 혼동하고 있으며 차이를 구분하지 않고 시용하고 있는 실정이다.

가) 부숙 유기질비료

부속 유기질비료는 발효공정이 필요한 가축분 퇴비, 퇴비, 부숙겨, 부숙 왕겨, 톱밥 및 부엽토 등이 있다.

(1) 퇴비

예전에는 볏짚, 낙엽, 산야초 등을 쌓아서 분해시킨 것을 퇴비(compost), 가축배설물을 주원료로 하여 만든 것은 두엄(Farmyard manure)으로 구별하여 불렀지만 요즘은 다양한 유기자원을 이용하여 퇴비를 만들고 있어서 원료 여하를 불문하고 퇴비라 부르는 경향이 있다. 퇴비화는 유기물이 미생물에 의해 분해되어 안정화되는 과정이다. 그 최종 물질은 환경에 나쁜 영향을 주지 않아야 하고, 토양에 사용할 수 있어야 하며, 안정된 부식상태의 물질로 변화시키는 것이다. 퇴비는 지력유지와 증진, 작물의 지속적 생산성 확보를 위해 필요불가결한 농자재이다. 질 좋은 퇴비의 시용은 토양의 물리성, 화학성 및 미생물상을 개선시켜서 작물이 생육하기 좋은 토양환경을 만든다.

(가) 퇴비제조 원리

퇴비는 질소분 함량이 높은 주재료에 C/N율과 수분을 조절할 수 있는 부자재를 혼합하여 교반, 통풍의 방법으로 호기성 미생물의 활동을 촉진하여 주고 적당한 온도를 유지 발효시켜 생산하면 된다(그림 8-3).

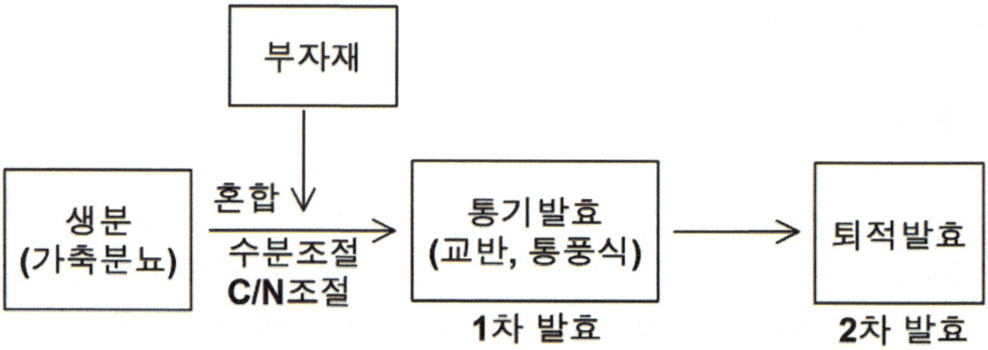

〈그림 8-3〉 축분 퇴비화 방법

이 과정은 미생물 활성의 영향을 받게 되므로 퇴비화를 촉진시키기 위해서는 미생물의 활성을 최적상태로 유지하는 것이 가장 중요하다. 따라서 퇴비화과정에서는 C/N율, 통기성, 수분함량, 온도 등이 중요하다.

▶ C/N율

퇴비화 과정 중 탄소는 미생물의 에너지원이며, 질소는 영양분으로 이용되므로 이들의 비율은 대단히 중요하다. 퇴비화의 적당한 C/N율은 30~40정도이다. 이들이 낮을 경우에는 질소 손실이 유발되고, 높을 경우는 질소가 부족하여 퇴비화가 늦어지게 된다.

표 8-9 가축분뇨의 비료성분 함량

가 축	수 분	유기물	전질소	전인산	전칼리	석 회
분(%)						
소	83.5	15.0	0.59	0.28	0.14	0.24
말	75.0	29.0	0.56	0.30	0.33	0.23
돼 지	80.0	16.0	0.60	0.60	0.50	0.05
양	68.0	29.5	0.62	0.30	0.17	0.40
닭	56.0	25.5	1.53	1.53	0.85	–
오줌(%)						
소	92.3	5.7	1.50	0.15	1.55	0.03
말	92.6	4.7	1.52	0.005	1.65	0.32
돼 지	96.6	2.3	0.64	0.16	0.80	0.01
양	90.3	7.0	1.58	0.13	1.85	0.18

표 8-10 톱밥 및 팽연왕겨의 비료성분 함량

구 분	유기물(%)	전탄소(%)	전질소(%)	인산(ppm)	칼리(ppm)	석회(ppm)
팽연왕겨	84.0	48.7	0.39	385	1,777	351
톱 밥	99.2	57.5	0.24	92	140	140

자료 : 농과원, 1995, 시험연보

퇴비를 대량 생산하기 위하여 질소분이 높은 주재료와 탄소함량이 높은 보조재의 비료성분을 분석하여 혼합비율을 결정해야만 좋은 퇴비를 생산할 수 있다(표8-9, 8-10).

▶ **통기성**

퇴비화가 진행되기 위해서는 호기성 미생물이 많이 필요하다. 통기성이 유지되어 미생물 활동이 촉진되는 것이 바람직한 방향이며 퇴비더미의 지나친 온도상승도 억제된다. 따라서 퇴비화 과정 중 통기성 촉진을 위하여 퇴비공장에서는 퇴비(혼합물)를 교반하거나 통풍하여 공기를 공급한다. 농가에서는 퇴비화 과정 중에 뒤집어 주면 바람직하다.

▶ **수분함량**

퇴비화 과정에서 퇴비더미의 수분함량은 퇴비화 속도를 지배하게 된다. 수분이 과다하게 적거나 많을 경우 미생물의 활동이 억제되어 부패하여 악취를 발생하는 원인이 되기도 한다. 퇴비화의 적당한 수분함량은 50~65%정도이다. 이 수분함량을 조절하기 위하여 톱밥을 이용하거나 팽화왕겨 등 농업부산물로 대체하기도 한다.

▶ **온 도**

퇴비화의 과정중 온도상승은 유기물의 분해에 기인한다. 가장 효율적인 온도범위는 45~65℃정도이다. 65℃이상의 고온이 유지되면 미생물의 활동성이 떨어지고 퇴비화가 지연될 수 있다. 또 온도가 너무 낮을 때는 병원균이나 잡초종자 활성이 억제되지 않는다.

(나) 퇴비원료의 특성

① 농산 부산물

농산 부산물은 비료가치가 낮고 유기물 함량이 높은 것이 특징이다. 대표적인 농산 부산물은 볏짚과 왕겨로 화학물질 첨가나 화학적 제조공정을 거치지 않아야 한다. 이들 재료는 균일한 이점을 갖고 있다. 볏짚은 칼리함량은 비교적 높아 1.84%에 달하나 C/N율은 60~70정도로 높은 편이다. 왕겨는 3요소 성분이 모두 낮을 뿐만 아니라 조직구조가 미생물 분해에 저항성을 갖고 있어 팽화 등 가공과정을 거처야 활용이 용이하다.

② 임산 부산물

대표적인 임산부산물은 톱밥, 나무껍질 및 목재 부스러기이다. 「폐기물관리법 시행규칙」에 따라 환경부장관이 고시하는 폐목재의 분류 및 재활용기준」의 1등급에 해당하는 목재 또는 그 목재의 부산물을 원료로 하여 생산한 것이어야 한다. 톱밥은 흡수성과 통기성이 좋기 때문에 퇴비화의 보조재료로 활용되고 있다. 그러나 톱밥은 C/N율이 500~1,000 정도로 분해가 늦고 비료성분도 낮아 함수율이 높은 흡습제의 기능 이외에는 퇴비 품질에는 좋은 영향을 주지 못한다.

③ **가축분뇨**

가축분은 오래 전부터 퇴비원료로 활용되어 온 전통적인 유기자원이다. 축종에 따라 C/N율에는 다소 차이가 있지만 계분은 8.4, 돈분은 12.2, 우분은 20.1이다. 인산함량은 계분, 돈분, 우분이 각각 3.2, 2.0, 0.7%로 비교적 높은 편이다. 가축분이 지닌 비료성분은 대부분 유기태 성분으로 작물이 직접 이용할 수 있는 무기태 성분함량은 상대적으로 적다. 가축분뇨를 원료로 하는 퇴비 · 액비(이하 "가축분뇨 퇴 · 액비"라 한다)는 유기농축산물 · 무항생제축산물 인증 농장에서 유래된 것만 사용할 수 있으며, 완전히 부숙시켜서 사용하되, 과다한 사용, 유실 및 용탈 등으로 인하여 환경오염을 유발하지 않도록 해야 한다. 다만, 유기농축산물 · 무항생제축산물 인증 농장 및 경축순환농법으로 사육하지 아니한 농장에서 유래된 퇴비는 다음의 요건을 모두 충족하는 경우에는 사용할 수 있다.

- 퇴비화 과정에서 퇴비더미가 55~75℃를 유지하는 기간이 15일 이상 되어야 하고, 이 기간 동안 5회 이상 뒤집어야 한다.
- 퇴비에 항생물질이 포함되지 아니하여야 하고, 유해성분함량은 「비료관리법」 제4조에 따른 비료 공정규격중 퇴비규격의 2분의 1을 초과하지 않도록 해야 한다.

(다) 퇴비화 방법

퇴적식 방법은 일반농가에서 두엄이나 농산 부산물 등을 퇴비장에 쌓아두고 부숙시켜 농사에 사용하던 전통적인 퇴비화 방식이다. 퇴근에는 이를 개량하여 퇴비장 지붕은 비가림 시설 그리고 바닥은 콘크리트로 하며 공기를 공급할 수 있는 통풍 시설을 설치한 간이 퇴비화 시설이 많이 보급되었다. 유기재배 농가들은 장기적으로 간이 퇴비화 시설을 갖추어 주위에서 구하기 쉬운 유기농업에서 사용 가능한 자재로 자가퇴비를 만들어서 사용하는 것이 좋을 것으로 생각된다.

나)유기질 비료

(1) 동물성 유기질 비료

(가) 어 박

어박은 해안지대에서 얻을 수 있는 생선류의 폐기물이거나 부산물인 어박과 어분류를 포함한다. 비료성분은 종류와 가공성분에 따라 다르나 질소는 6~10%, 인산은 2~9%로 공정규격에서는 질소 4%, 인산 5% 이상 되어야 한다. 칼리성분이 1%내외로 함유되어 초목회와 같은 알칼리성 비료를 섞어서 시용하면 칼리가 공급되며 분해가 빨리 되어 추비로 사용할 수 있다. 염분은 공정규격에서 10% 이하로 규제하고 있다.

(나) 골분 비료

골분은 짐승의 뼈를 그대로 증기에 찐 다음 분말화한 것으로 주로 인산질비료로 쓰인다. 주성분은 인산 3석회이며 15~20% 정도이다. 생골분은 질소가 3~5% 들어 있고, 육골분에도 약간 들어 있다. 골분비료는 비효가 완만하게 나타나므로 기비로 사용한다. 보통 기온이 낮고 식질토양에서 비효가 낮으므로 퇴비와 같은 부숙 유기질비료와 섞어 사용하는 것이 좋다.

(2) 식물성(유박류) 유기질 비료

(가) 콩깻묵(대두박)

콩깻묵은 콩에서 기름을 짜고 남은 것이다. 콩깻묵의 비료성분함량은 제조원료에 따라 다르지만 대개 질소 7.0%, 인산 1.4%, 칼리 2.0% 정도이다. 콩깻묵의 비료성분은 분해된 후에 작물에 흡수되기 때문에 지효성 비료이다. 그러나 온도가 높으면 비교적 분해가 빨리됨으로 여름철에서는 속효성 화학비료와 비효 차이가 크지 않다. 콩깻묵은 인산과 칼리의 함량이 적기 때문에 이들을 보충해야 하며 기비로 쓰는 것이 좋다.

(나) 깻묵과 각종 찌꺼기 비료

기름을 짜고 남은 찌끼인 깻묵은 주로 단백질과 탄수화물이다. 주된 깻묵은 유채깻묵, 목화씨깻묵, 참깻묵, 들깻묵, 땅콩깻묵, 피마자깻묵 등이며 이들의 비료성분은 대개 (표 8-12)와 같다. 액비로 할 때는 깻묵은 갈아서 2~3배량의 흙과 물에 넣어 부숙시키는 것이 더 효과적이다.

표 8-12 깻묵의 비료성분 함량(%)

깻 묵	수 분	질 소	인 산	칼 리	유기물
유채씨 깻묵	6.65	5.36	2.36	–	–
들 깻 묵	9.12	5.68	2.72	1.18	81.09
참 깻 묵	9.91	5.29	2.38	1.03	82.86

깻 묵	수 분	질 소	인 산	칼 리	유기물
목화씨 깻묵	8.53	5.70	2.89	–	–
피마자 깻묵	8.90	4.51	2.12	–	–
땅 콩 깻 묵	3.24	5.08	1.03	–	–
콩 깻 묵	14.54	6.47	1.32	2.07	78.44
쌀겨 깻묵	8.87	2.49	5.32	–	–

자료 : 농사시험장, 비료분석휘보

(다) 미강박 비료

기름을 짜고 난 쌀겨를 말한다. 이 쌀겨는 13~14%의 단백질과 15~17%의 지방을 함유하며 사료나 비료로 쓸 수 있다. 기름을 제거한 것은 분해가 빨라서 비효가 빠르다. 질소보다도 인산과 탄수화물의 함량이 비교적 높아서 직접 비료로 할 때는 미리 시비하거나 퇴비를 넣어서 부숙하여 쓰는 것이 좋다.

다) 올바른 퇴비의 사용법

(1) 이용 가능한 퇴비의 특성

옛날에는 볏짚류, 산야초 등이 주요 토양 유기물 공급원이었으나 현재는 여러 종류의 재료들이 활용되고 있다. 따라서 유기자재의 성질을 정확하게 파악하지 않으면 시용 후 문제가 발생될 수 있다. 유기물의 시용효과는 비료적 효과, 화학적 개량효과 및 물리성개량효과 등 3가지로 나눌 수 있다. 비료 공급효과가 큰 것은 전질소 함량이 높고 탄질률이 낮은

표 8-13 각종 유기물의 특성

자료 : 농촌진흥청, 농토배양기술, 1992

유 기 물 명		원 재 료	시 용 효 과			시용상 주의
			비료적	화학성	물리성	
퇴 비		볏짚, 보리짚, 야채류	중	소	중	안전하게 사용 할 수 있음
구비류	우분류	우분뇨와 볏짚류	중	중	중	비료효과를 고려 하여 시용량 결정
	돈분류	돈분뇨와 볏짚류	대	대	소	
	계분류	계분과 볏짚류	대	대	소	
목질류 혼합 퇴비	우분류	우분뇨와 톱밥	중	중	대	미숙목질과 충해가 발생하기 쉬움
	돈분류	돈분뇨와 톱밥	중	중	대	
	계분류	계분뇨와 톱밥	중	중	대	
나무껍질 퇴 비 류		나무껍질, 톱밥을 주체로한 퇴비	소	소	대	물리성 개량효과가 큼
왕겨퇴비류		왕겨를 주체로한 퇴비	소	소	대	물리성 개량효과가 큼

것들로서 계분비료, 돈분비료 등이다. 비료적 효과가 적은 것은 톱밥, 왕겨 등과 같이 분해하기 어려운 유기물들이다. 화학적 개량효과는 인산과 염기함량에 의하여 판정된다. 돈분퇴비, 계분퇴비 등이 크고, 톱밥퇴비, 왕겨퇴비 등의 식물성 퇴비는 적다. 물리성 개량효과는 투수성, 보수력 증이 중심이 되므로 섬유질이 많은 가축분 퇴비, 왕겨퇴비 등이 효과가 크고 돈분 및 계분퇴비는 효과가 적다(표 8-13).

(2) 퇴비의 시용량 결정

(가) 퇴비의 특성을 고려하여 결정

퇴비의 시용량을 결정할 때는 몇 가지 사항을 유의해야 한다. 부숙된 퇴비라 하더라도 재료의 특성에 따라 비료성분량을 고려하여 시용량을 결정한다. 가축분과 같이 인산성분이 높은 재료는 인산을 기준으로 시용하고, 질소성분이 많은 것은 질소성분을 기준으로 시비량을 결정한다. 부족성분은 유기재배 허용자재로 보충한다.

(나) 토양성질을 고려하여 결정

토양중의 유기물 함량에 따라 퇴비의 시용 목적이 다르다. 토양중의 유기물이 3%이상일 때 토양의 물리성 개량효과보다는 비료 공급효과를 얻을 목적으로 시용한다. 그 이하인 경우는 토양의 물리성 개량효과와 비료 공급효과를 목적으로 한다.

(다) 시비시기를 고려하여 결정

퇴비가 단순한 토양물리성 개량의 목적이 아닌 비료효과도 큼으로 시용 시기에 맞게 결정해야 한다. 유목 때에는 비료효과가 큰 부숙유기질비료는 질소과다 증상을 보일 수 있으므로 주의한다.

(라) 유기물의 이용목적을 고려하여 결정

유기물은 앞에서도 언급된 바와 같이 3가지 효과가 있으므로 시용하는 목적을 명확히 할 필요가 있다. 비료효과를 생각한다면 가장 많은 성분을 기준으로 시용량을 정하고 나머지는 허용자재로 보충한다. 물리성 개량을 목적으로 시용한다면 물리성 개량효과가 큰 재료를 선택하여야 한다.

(마) 시용량 및 방법결정

유기물의 시용방법은 사용목적 즉, 비료효과와 물리성 개량효과에 따라 크게 나눌 수 있다. 비료효과를 목적으로 한다면 시용하는 부산물 비료의 성분량을 파악하고 표토에 시비하며 허용자재로서 나머지를 보충한다는 생각으로 시용량을 결정한다. 물리성 개량을 목적으로 시용할 때는 볏짚, 왕겨 또는 톱밥 등 비료성분이 낮은 재료로 만든 유기물을 시용해야 제대로 효과를 볼 수 있다. 질소공급으로 가축분 퇴비 등을 다량으로 시용하는 경우는 그중의 질소성분 이외에 비료성분을 무시할 수 없기 때문에 그 양을 고려해서 시용량을 판단한다. 이것을 연용하는 경우 반드시 토양진단을 해서 그 성분을 줄인다.

(3) 부산물비료 시용량 계산

부숙유기질비료 및 유기질비료는 완효성비료로 일년에 모두 유효화하는 것이 아니라 수년에 걸쳐 유효화된다. 따라서 (표 8-14)를 보면 퇴비류와 유기질비료의 성분량, 비효율(무기화율), 유효성분이 나타나 있으며, 유효성분은 1년 동안에 흡수 이용할 수 있는 양을 말한다.

표 8-14 각종 유기물의 성분함량과 시용 1년 후의 비효

유기물 종류		성분량(kg/톤)			비효율(%)			유효성분(kg/톤)		
		질소	인산	칼리	질소	인산	칼리	질소	인산	칼리
퇴비류	볏짚퇴비	4	2	4	10	50	90	0.4	1.0	3.6
	수피퇴비	3	1	1	10	50	70	0.3	0.5	0.7
	왕겨퇴비	5	6	5	10	50	80	0.5	3.0	4.0
	우분퇴비	9	12	11	10	60	90	0.9	7.2	9.9
	돈분퇴비	15	26	15	20	60	90	3.0	15.6	13.5
	계분퇴비	14	38	28	30	60	90	4.2	22.8	25.2
유기질비료	가공가금분	30	45	30	60	70	90	18.0	32.0	27.0
	어박	80	87	5	80	80	80	64.0	70.0	4.0
	채종 유박	56	25	13	80	80	80	45.0	20.0	10.0
	대두 유박	70	15	25	80	80	80	56.0	12.0	20.0
	쌀겨	24	58	20	70	80	80	17.0	46.0	16.0
	유기배합비료				80	80	80			

자료 : 유기물입문, 2005, 일본

▶ 시용량 산출하는 법

대체율을 사용해 가축분 퇴비의 시용량을 산출한다.

시비기준 등을 참고해서 필요한 기비 양분량을 정한다. 그중에서 질소에 대해서 몇 %을 가축분 퇴비로 치환할 것인가를 정한다. 이것을 대체율이라 한다. 가축분 퇴비의 질소 대체율은 30%이하이다. 대체율을 높이면 가축분퇴비에 의해서 인산, 칼리 성분이 과잉되는 것이 많다.

◈ 퇴비시용량 = 필요 기비양분량(kg/10a)×대체율(%)×100/퇴비양분함유율(%)×비효율(%)
◈ 유기물에 들어있는 성분량
= 퇴비시용량×퇴비양분함유율(%)/100×비효율(%)/100

표 8-15 가축분 퇴비의 비효율

가축분 퇴비의 종류	퇴비의 질소함유율(현물당)%	비효율(%)		
		질소	인산	가리
계분 퇴비	0–1.6	20	80	90
	1.6–3.2	50	80	90
	3.2이상	60	80	90
돈분, 우분 퇴비	0–1	10	80	90
	1–2	30	80	90
	2이상	40	80	90

예를 들면 부숙유기질 비료의 성분은 질소 0.9%, 인산 0.1%, 칼리 0.7% 이다. 토양검정에 의한 시비량이 질소 4kg, 인산 2kg, 칼리 3kg/10a인 이며, 기비로 질소 60%, 인산 100%, 칼리 60%를 기비로 줄 경우 질소 2.4, 인산 2kg, 칼리 1.8kg이 된다. 질소의 30%을 부숙유기질 비료로 대체할 경우 부숙유기질 비료의 시용량이다.

위의 식에서 부숙유기질 비료시용량 = 4×30×100/0.9×10 ≒ 1,300kg
부숙유기질 비료에 함유된 인산의 함량은 1,300×0.1/100×80/100 = 1.04kg
부숙유기질 비료에 함유된 칼리의 함량은 1,300×0.7/100×90/100 = 8.19kg

위의 결과에서 질소의 대체율을 30%로 하면 퇴비시용량은 1,300kg/10a주면 나머지 30%는 질소 공급자재를 이용하여 1.2kg을 공급한다. 인산은 퇴비로 모자라는 약 1kg을 인산질 자재를 이용해서 공급하면 된다. 칼리 성분은 퇴비 1.3톤을 시비함으로 시비량을 넘어서기 때문에 칼리가 들어 있는 자재를 생략한다.

(4) 부숙유기질비료 및 유기질비료 연용 후 양분 방출량

(표 8-16)은 퇴비류 및 유기질비료를 5년 동안 연차별 방출되는 질소량을 나타낸 것으로 시용 후 시간이 지날수록 방출되는 양은 감소한다. 퇴비류는 5년까지 지속적으로 방출되지만

유기질비료 종류는 대개 3년차까지 비료성분이 방출되고 이후에는 방출량이 없는 것으로 나타나 퇴비류보다는 속효성이라고 말할 수 있다.

표 8-16 용한 유기물로부터 5년 동안 방출되는 질소량의 변화

유기물 종류		질소함량 (%)	비효율 (%)	시용량 (kg)	질소전량 (kg)	방출되는 질소량 (kg)				
						1년차	2년차	3년차	4년차	5년차
퇴비류	볏짚퇴비	0.4	10	1,000	4.0	0.4	0.2	0.2	0.1	0.1
	우분퇴비	0.9	10	1,000	9.0	0.9	0.4	0.4	0.3	0.3
	돈분퇴비	1.5	20	1,000	15.0	3.0	1.2	1.0	0.8	0.6
	계분퇴비	1.4	30	1,000	14.0	4.2	1.5	1.0	0.7	0.5
	수피퇴비	0.3	10	1,000	3.0	0.3	0.1	0.1	0.1	0.1
	왕겨퇴비	0.5	10	1,000	5.0	0.5	0.2	0.2	0.2	0.2
유기질비료	가공가금분	3.0	60	100	3.0	1.8	0.4	0.1	0.1	0
	어박	8.0	80	100	8.0	6.4	0.6	0.1	0	0
	채종유박	5.6	80	100	5.6	4.5	0.4	0.1	0	0
	대두유박	7.0	80	100	7.0	5.6	0.6	0.1	0	0
	쌀겨	2.4	70	100	2.4	1.7	0.3	0.1	0	0
	유기배합비료		80							

자료 : 유기물입문, 2005, 일본

(표 8-17)는 매년 퇴비류를 1톤씩 시용하여 5년 동안 지속되었을 때 방출될 수 있는 질소량을 누계로 나타낸 것이다. 돈분퇴비는 25.0kg의 질소가 방출되었고 볏짚퇴비는 3.7kg으로 아주 적어 돈분퇴비는 비료의 효과가 큰 것으로 나타났다.

예) 볏짚퇴비 1년차 방출량(kg) : 0.4, 2년차 방출량(kg) : 0.4+0.2,
3년차 방출량(kg) : 0.4+0.2+0.2, 4년차 방출량(kg) : 0.4+0.2+0.2+0.1,
5년차 방출량(kg) : 0.4+0.2+0.2+0.1+0.1

표 8-17 매년 퇴비를 1톤씩 시용할 때 방출되는 질소량

퇴비종류	방출되는 질소량 (kg)					
	1년차	2년차	3년차	4년차	5년차	누계
볏짚퇴비	0.4	0.6	0.8	0.9	1.0	3.7
우분퇴비	0.9	1.3	1.7	2.0	2.3	8.2
돈분퇴비	3.0	4.2	5.2	6.0	6.6	25.0
계분퇴비	4.2	5.7	6.7	7.4	7.9	31.9

자료 : 유기물입문, 2005, 일본

이 결과 5년간 계속 1톤씩의 우분퇴비를 시용하였다면 5년차에는 토양속에 2.3kg의 질소가 그리고 만약 2톤씩의 우분퇴비를 매년 공급하였다면 4.6kg의 질소가 공급되고 있음을 뜻한다. 예를 들어 밀식 재배하는 왜성 후지사과나무 성목에 매년 필요한 질소량이 10a 당 12kg 정도라고 하면 재식 후 매년 10a당 2톤의 우분퇴비를 공급해온 사과원에서는 질소 이용률을 100%로 가정할 때 5년차에는 4.6kg을 뺀 7.4kg의 질소만을 공급하면 되는 계산이 나온다. 그런데 토양 중에는 토양의 비옥도에 따라 다르나 원래 토양에 존재하는 천연질소(그 동안의 유기물 등의 공급을 통하여 만들어져 있는 지력질소)로부터 매년 상당량이 방출되어 나오고, 또 이전에 질소질 비료를 시비하여 나무에 흡수되지 않고 남아 있는 질소도 상당량 있을 수 있으므로 추비를 통해서 공급해야 할 질소 성분량은 이보다 훨씬 더 줄어들 수도 있다. 상당기간 동안 매년 2톤 이상의 우분퇴비를 공급받아 온 비옥한 토양의 사과원일 경우는 앞으로 수년간 질소질 비료를 전혀 시용하지 않아도 수세유지나 과실 생산에 아무 지장이 없는 사과원도 많이 있을 것으로 판단된다.

(5) 부숙유기질비료 및 유기질비료 장단점

부숙유기질비료(퇴비)와 유기질비료(유박)의 사용상 차이는 별로 없다. 유기질비료(유박)는 부숙유기질비료(퇴비)에 비해 냄새도 적고 수분함량도 적어 사용하기 편리하며, 비료 성분이 높으며 퇴비보다는 속효성인 장점이 있다. 단점은 발효과정이 없으므로 유익한 미생물이 생기지 않으며 지력을 높이는 리그린이 없기 때문에 아무리 많이 주어도 작물 성장에는 도움이 되지만 토양 유기물함량은 증가시키지 않는다. 퇴비의 경우 충분히 발효시킨 제품은 토양 속에 유익한 미생물을 많이 남기고 유기질원으로 톱밥, 왕겨 등이 사용됨으로 토양 속에서 장기간 남아 유기물로서의 역할을 하여 땅심을 높이는 효과를 기대할 수 있다(표 8-18).

표 8-18 유기질비료와 부산물비료의 차이점

구분	유기질 비료	부숙유기질비료
원료	동・식물 찌꺼기 (깨묵류)	농림축수산업 부산물, 제조업 부산물, 인분뇨, 음식찌꺼기 등
공정규격	3요소함량 : 5~20% 유기물함량 : 60~80%정도이나 규격은 없음	유기물함량 25% 이상 유기물 대 질소비 50~70 이하 유해성분 : 중금속 6성분 규제
C/N율	사용원료의 C/N율이 낮음	사용원료 C/N율이 높음 톱밥 : 200~400, 볏짚 : 60~80
수분함량	20% 미만	40~50% 미만

구분	유기질비료	부숙유기질비료
부숙	인위적 부숙이 필요 없음	C/N율이 높기 때문에 인위적인 부숙이 필요
이물질	지정 원료만 사용 이물질 혼입 가능성 없음	이물질(유해성분) 혼입 가능성이 높음. 제조업 폐기물 사용

[풋거름(녹비) 작물]

가) 풋거름 작물의 종류와 특성

풋거름 작물은 두과식물 또는 비두과식물, 활엽수의 어린잎 산야초, 해초 등의 생체 또는 건조물로 제조하는 비료를 말한다. 따라서 풋거름 작물은 일종의 비료식물로 작물이 필요로 하는 영양분을 공급할 수 있는 작물을 말한다. 과원에서 풋거름 작물의 이용은 양분 공급뿐만 아니라 유기물 공급의 효과가 있어 과원 표토관리에서 토양 물리성 개선과 미생물상의 다양성 확보 등 많은 이점이 있어 유기재배를 위하여 필수적이다.

풋거름 작물의 종류는 크게 나누면 콩과 풋거름 작물, 벼과 풋거름 작물, 기타 및 야생 풋거름자원 등으로 나눈다. 콩과 풋거름 작물에는 대표적으로 헤어리베치, 클로버 종류, 자운영, 살갈퀴, 네마황 등이 속하며, 벼과 풋거름 작물에는 호밀, 들묵새, 그라스 종류, 풋거름보리 등이 있다. 야생 풋거름 자원은 사과원에서 발생하는 잡초가 모두 속하며 기타 풋거름 자원은 메밀, 해바라기, 유채, 수수, 옥수수 등 재배 부산물로 발생하는 것들이 있다.

(1) 콩과 풋거름 작물

사과원에서 이용되는 콩과 풋거름 작물은 클로버, 헤어리베치, 자운영 등이 있으나 실제 현장에서 주로 활용되는 작물은 헤어리베치와 클로버류가 주를 이룬다.

(가) 클로버류 (Clover)

우리나라에 토끼풀로 알려진 화이트클로버는 6~7월에 꽃이 피고 백색이며 긴 꽃줄기 끝에 산형으로 달려서 전체가 둥글다. 열매는 협과로서 줄 모양이고 9월에 익으며 4~6개의 종자가 들어 있다. 높이는 20~30cm이며 포기 전체에 털이 없고 땅위로 뻗어가는 줄기 마디에서 뿌리가 내리고 잎이 드문드문 달린다. 요즈음에 재배 또는 야생에 자라고 있는 클로버 종류로는 크림손클로버, 화이트클로버, 버심클로버, 서브클로버, 레드클로버 등 아주 다양하다. 대부분 유럽이 원산지이나 목초로 도입되어 재배되거나 또는 재배 중 야생으로 번져 나온 것이다.

▶ **레드클로버**

들에서 주로 자생하며 크기는 60~90cm이며 5월 중순경에 꽃대가 나오고 담홍~자홍색 꽃이 6~7월에 피며 꽃자루는 없다. 줄기는 보통 속이 비어 있으며 마디마다 잎과 가지가 나며 잔털이 많다. 뿌리는 곧은 뿌리와 곁뿌리가 많이 발생하고 깊게 뻗으므로 토양 개량에 유리하다. 질소함량은 2% 정도 함유되어 있다.

▶ **화이트클로버**

우리나라 전 지역과 세계 여러 곳에 분포하고 있으며 특히 우리나라는 들판과 과수원에 많이 자생하고 있다. 초장은 20~30cm 정도이며 6~7월에 길이 10~20cm의 흰색의 꽃을 피우며 9월에 열매를 맺는다. 줄기는 포복형으로 자라며 각 마디에서 잎의 줄기가 옆으로 자라고 각 마디에서는 뿌리가 내린다. 파종 후 1~2년은 뿌리가 깊게 뻗어 한발에 강하지만 해가 지나갈수록 뿌리가 지표면에 많이 자라게 되어 가뭄에 약하게 된다. 질소함량은 4% 내외 함유하고 있어 척박지에 활용성이 높다.

▶ **크림손클로버**

원산지는 남유럽이나 우리나라 전 지역에 분포하고 있다. 초장은 40~60cm이며 5월에 광택이 풍부한 5~7.5cm 크기의 홍색으로 꽃이 피어 보기가 좋다. 종자는 타원형으로 적황색 또는 담갈색이고 3mm 정도의 꼬투리를 6월에 결실한다. 줄기는 직립성으로 가늘고 털이 많으며 쉽게 목질화가 되며 그루터기 하나에 20~50개의 줄기가 발생하여 포기를 이루게 된다. 뿌리의 주근은 깊게 뻗으며 잔뿌리도 많이 발생한다. 질소함량은 2~3% 내외이며 꽃이 화려하여 주말농장 등 시각적인 요구가 있는 곳에 활용할 수 있다.

(나) 헤어리베치 (Hairy vetch)

원산지는 유럽이나 현재 우리나라 전 지역에 분포하고 있다. 논, 밭, 과수원 등에 재배되고 있으며 초장은 1.5~2.0m 정도이며 꽃은 보라색으로 5~6월에 피며 6~7월에 결실한다. 열매는 협과로 긴 타원형의 꼬투리로 2~3cm의 길이에 넓이는 7~10mm 정도이다. 잎은 어긋나 있으며 7쌍 내외의 작은 잎으로 구성되어 있고 끝은 뾰족하며 윗부분의 엽액에서 화서가 나온다. 줄기는 덩굴성이다. 뿌리는 질소 고정력이 탁월하여 질소함량은 4% 내외이다. 내한성이 강하여 남부지방에서는 월동이 가능하며 국내 육성 품종으로 청풍보라, 토익 등이 있다.

(다) 살갈퀴 (Narrow-leaved vetch)

우리나라 전 지역에 자생하여 분포하고 있으며 초장은 헤어리베치보다 조금 작은 60~150cm 정도이다. 꽃 피는 시기도 헤어리베치보다 조금 빠른 4~5월이며 홍자색으로 피며 6월

초순에 결실한다. 헤어리베치와 형태적 모양이 비슷하며 개화하는 꽃수는 헤어리베치보다 적은 엽액마다 1~2개의 꽃이 핀다. 뿌리에 뿌리혹박테리아가 있어 질소 고정력이 탁월하여 질소함량은 3~4% 내외이다.

(라) 자운영 (Chinese milk vetch)

원산지는 중국이며 우리나라 중부 이남에 분포한다. 초장은 30cm 내외이며 꽃은 홍색 빛을 띤 자주색이며 4~5월에 피고 열매는 협과로 꼭지가 짧고 긴 타원형이며 6월에 결실한다. 어린 순을 나물로 하며 풀 전체는 해열, 해독 종기, 이뇨약재로 쓰이며 뿌리는 천근성으로 뿌리혹박테리아가 있어 질소 고정능력이 있고 질소함량은 2~3% 내외이다.

(2) 벼과 풋거름 작물

(가) 청보리 (Barley)

원산지는 홍해이며 우리나라 중남부 지방에서 많이 재배되고 있다. 초장은 60~100cm이며 4~5월 개화하여 결실된다. 잎 너비는 10~15mm이며 줄기 당 잎의 수는 5~10매 정도이고 크기는 품종 간 차이가 많다. 줄기는 포기를 이루며 원줄기는 둥글고 마디 사이의 절간 속은 비어 있다. 이용 현황은 식용, 사료 및 풋거름 작물로 활용되며 채취시기에 따라 차이가 있으나 질소함량은 2% 내외이다.

(나) 들묵새 (Rattail fescue)

원산지는 유럽 남부지방이며 우리나라 중부 이남 양지쪽에서 자생 또는 재배되고 있다. 초장은 30~50cm 내외이고 꽃은 원추꽃차례로 선상피침형으로 피는 시기는 5~6월이며 이삭 길이는 10~20cm이다. 줄기는 총생하여 다발 모양을 이루고 상부는 직립하나 하부는 구부러져 있다. 질소함량은 2% 내외이며 가을에 파종한 후 발아 후 봄에 다시 자라는 작물로 피복력이 좋다.

(다) 오차드그라스 (Orchardgrass)

원산지는 유럽이며 우리나라도 사료작물로 도입되어 다년생 목초로 전국에 분포한다. 초장은 90~150cm이며 잎은 연녹색으로 길이 10~40cm, 폭 5~15mm이고 줄기 양쪽으로 하나씩 어긋나 있으며 잎맥은 잘 나타나지 않는다. 줄기는 30~40개가 한 포기를 형성하는데 전형적인 다발형 목초이다. 꽃은 원추화서로 길이가 8~15cm정도이며 피는 시기는 품종에 따라 5월 말부터 6월 초순이다. 뿌리는 60~90cm 깊이까지 뻗지만 토심 20cm 내외에 가장 많이 분포한다. 질소함량은 1~2.5% 내외이며 내한성이 강하고 비옥한 땅에서 잘 자란다.

(라) 톨페스큐 (Tall fescue)

원산지는 유럽이며 평균 기온이 4.4℃ 이상, 강수량이 350~1,500mm의 유기물이 많은 토양에서 잘 자란다. 뿌리는 깊게 뻗으며 짧은 땅속줄기가 있고 다발을 이룬다. 잎은 여러해살이 다른 벼과 목초에 비하여 더 거칠고 진한 녹색을 띠며 광택이 난다. 종자의 크기는 라이그라스와 비슷하나 겉이 조금 더 검은 빛깔을 띤다. 톨페스큐는 많은 새로운 품종이 개발되어 국내 초지에 재배되고 있다.

(마) 호밀 (Rye)

호밀의 원산지는 유럽 남부이며 우리나라 전 지역의 논과 밭에 분포한다. 초장은 150~300cm 이고 잎은 녹청색으로 거칠며 어린 잎 뒷면에 털이 밀생한다. 줄기는 150cm 정도로 봄에 줄기 상부로 5~7마디가 자라 품종에 따라서는 300cm가 되고 줄기 끝부분에는 이삭이 맺힌다. 꽃은 5월 중순에서 6월 상순에 출수 후 5~10일에 핀다. 열매는 녹갈색 또는 자색이며 표면에 주름이 있고 등쪽에 세로로 홈이 있다. 뿌리는 잘 발달하여 깊이가 2m까지 도달하는 심근성이다. 양분함량은 질소 1~3%, 인산 0.5~1.0%, 칼리 1.1~3.3% 정도이며 내한성이 강하여 파종 시기가 조금 늦어도 월동이 가능하다.

나) 풋거름 작물 초종 선택

풋거름용 추파로서 건물생산량과 피복도 및 양분공급력 등을 종합하면 벼과에서는 호밀과 톨페스큐, 콩과에서 크림슨클로버, 화이트클로버, 베치가 좋으나 포장 작업 등을 고려해서 신중한 선택이 필요하다.

표 8-19 유기재배 사과원 추파 풋거름처리구의 생체중과 건물중(사과시험장, 2012)

조사일	처 리	생체중(kg/10a)	건물중(kg/10a)	건물중/생체중 (%)
5월11일	자연초생	799.2	188.5	23.6
	호밀	4,920.6	1,293.2	26.3
	청보리	1,726.1	501.7	29.1
	들묵새	981.2	429.6	24.9

조사일	처 리	생체중(kg/10a)	건물중(kg/10a)	건물중/생체중 (%)
5월11일	톨페스큐	405.2	83.3	20.6
	켄터키블루그라스	243.1	64.4	26.5
	크림슨클로버	5,330.2	1,136.6	21.3
	레드클로버	896.9	188.7	21.0
	화이트클로버	1,302.0	544.1	41.8
	베치1호	5,971.8	981.2	16.4

표 8-20 유기재배 사과원 추파 풋거름 작물의 양분함량(사과시험장, 2012)

조사일	처 리	N	P	K	Ca	Mg
		(%)				
5월11일	자연초생	2.21	0.50	1.73	1.14	0.26
	호밀	1.36	0.36	2.02	0.42	0.16
	청보리	2.21	0.50	1.73	1.14	0.26
	들묵새	1.46	0.36	2.03	0.43	0.17
	톨페스큐	1.65	0.39	2.39	0.44	0.21
	켄터키블루그라스	1.73	0.45	1.77	0.40	0.18
	크림슨클로버	2.63	0.36	2.53	1.13	0.23
	레드클로버	3.57	0.35	2.69	1.24	0.36
	화이트클로버	3.79	0.43	2.94	1.26	0.27
	베치1호	4.50	0.59	3.10	0.84	0.222

표 8-21 풋거름 작물별 예취 후 N의 시기별 무기화율(비효율)

조사일	화이트클로버	크림슨클로버	레드클로버	베치 1호	호밀	톨페스큐	켄터키블루그라스
5.15	0	0	0	0	0	0	0
6.15	69.0	52.5	55.2	75.0	47.2	31.3	5.0
7.15	76.7	70.9	64.1	85.3	57.5	58.2	20.5
8.15	88.1	75.9	71.5	90.7	62.8	63.4	32.5
9.15	90.3	80.9	80.7	94.0	71.4	67.2	40.1

다) 파종 시기 및 방법

9월 하순에서 10월 상순에 가을 파종을 한다. 포장을 로타리한 후 10a당 파종량으로 호밀과 청보리의 경우 15kg, 이외 풋거름 작물(들묵새, 톨페스큐, 켄너키블루그라스, 크림슨클로버, 레드클로버, 화이크클로버, 베치 1호)는 3~4kg를 산파한 후 레이크로 종자를 덮거나 가볍게 로타리 쳐서 자연적으로 복토가 될 수 있도록 한다. 풋거름 작물 예취는 추비가 필요한 5월 하순에서 6월 상순에 효과를 볼 수 있게 무기화 정도를 생각해서 5월 상 · 중순경에 예취한다.

라) 재배 효과

유기재배 사과원 추파 풋거름 처리구의 생체중과 건물중은 콩과 풋거름에서는 크림슨클로버와 베치가 벼과에서는 호밀, 청보리, 톨베스큐가 많은 경향을 나타내었다(표 8-19). 추파 풋거름의 5월 상순의 양분함량은 풋거름의 종류마다 다르지만 질소 함량은 콩과가 벼과 풋거름보다 높은 경향이다(표 8-20). 무기화율을 조사한 결과 1개월 후 질소의 무기화율에서 콩과 풋거름 작물이 53~75%로 높았으나 벼과의 풋거름작물은 켄터키블루그라스 5% 톨페스큐 31.3%, 호밀이 47.2%로 낮았다(8-21). 수관하부에 피복한 풋거름의 무기화율을 높이기 위해 미생물을 처리한 화이트클로버구는 차이가 없었으나 켄터키블루그라스구는 약 15% 정도 무기화가 촉진되었다. 따라서 5월 하순의 추비용으로 질소와 칼리를 보급할 목적으로 열간의 풋거름을 수관하부로 공급할 경우는 콩과 풋거름의 질소 질소함량과 무기화율을 참고해서 대략적인 공급량을 결정한다.

▶ 풋거름(녹비)으로 공급 가능한 성분량

= 풋거름(녹비)건물량×녹비양분함량(%)/100×무기화율(비효율)(%)/100

농가에서 풋거름으로 몇 kg의 성분을 공급할 수 있는지는 대략 다음과 같이 추정한다. 먼저 재배중인 풋거름중에서 균일한 곳에서 1㎡를 몇 군데 베어서 각각의 생체중을 측정한다. 표 8-19에서 생체중에 대한 건물중의 대체적인 비율로 건물중을 추정한다. 이때 혼파되어 있으면 분리해서 각각을 측정한다. 실면적에 대한 총건물중을 환산한다. 풋거름의 양분함량은 예취시기와 토양조건에 따라 다를 수 있기 때문에 각 지역 기술센터나 도기술원 및 연구소에서 분석을 의뢰하면 정확히 알 수 있지만, 대략적인 것은 표 8-20을 참고한다.

예를 들면 화이트클로버의 생체중이 5군데 평균이 1.5kg/1㎡이며 생체중에 대한 건물중 비율이 약 42%이므로 건물중은 1.5×42/100=0.63kg/1㎡이 된다. 재배된 열간 면적이 전체 10a(1,000㎡)의 1/2이면 500㎡가 된다. 따라서 총건물 생산량은 500×0.63=315kg

이 된다. 이것이 수관하부에 들어갔을 때 질소공급량은 위의 식에서 315 × 3.79/100 × 90/100 = 10.7kg이 된다. 다른 성분도 같은 방식으로 공급량을 추정할 수 있다.

[무기영양과 허용비료의 특성]

가) 질소(N)

(1) 질소의 역할

질소는 단백질을 구성하는 주성분 중의 하나이며, 광합성에 관여하는 엽록소의 구성요소이다. 또한 사과나무와 과실의 생장 및 발육과정에 관여하는 효소, 호르몬, 비타민류 등의 구성성분이기도 하다. 사과나무에 함유되어 있는 전체 질소의 85%가 단백질에 들어 있다. 10%의 질소는 핵산, 그리고 5%의 질소는 유리아미노산이나 아미드와 같은 작은 분자로 되어 있다. 질소는 생육초기에 엽수를 증가시키고 엽면적을 확대시킴으로서 활발한 광합성 작용에 의한 탄수화물합성을 원활하게 한다.

(2) 질소의 흡수와 이동

토양에 시용된 유기물은 분해되어 단백질 → 아미노산 → 암모니아 형태로 변화된다. 암모니아 형태의 질소는 토양중의 세균(질산화성균)에 의하여 질산태 질소로 전환된 후 뿌리에 흡수된다. 뿌리에서 흡수된 질산태 질소는 곧바로 뿌리에서 암모니아태로 환원되고 이어서 탄수화물과 결합하여 아미노산이 만들어진다. 이후 가지, 잎 및 과실로 이동되어 생장과 발육에 이용되고 최종적으로 단백질의 형태로 나무와 과실 조직에 저장된다. 낙엽기에는 잎에 저장된 단백질의 약 30%가 다시 아미노산으로 가수분해되어 가지로 이행하여 축적된다. 이것은 이듬해 봄의 개화와 전엽 및 신초생장에 재활용된다.

(3) 질소성분과 과실의 맛

사과나무는 충분한 양의 질소를 공급해야 신초와 잎의 생장이 양호하다. 이로 인하여 광합성량이 많아져 크고 맛좋은 과실을 생산할 수 있다. 질소질 비료를 지나치게 많이 시용하면 가지가 번무하고 수관내부의 광량이 적어져 과실의 발육이 억제되고, 맛없는 사과가 생산된다. 또한 과실로의 칼슘축적이 적어져 여러 가지 생리장해가 발생되고 저장력이 떨어진다. 유기성 부산물에는 질소를 함유하고 있으며, 동물성 유기물의 질소함량이 높은 편이다. 유기물에 함유된 질소성분은 식물이 곧바로 이용될 수 있는 형태가 아니라 미생물에 의해 분해가 이루어져 무기화가 진행되어야 이용될 수 있게 된다. 자재의 종류에 따라 성분함량과 비효발효 속도가 상당히 차이가 나기 때문에 적절한 사용법이 요구된다.

사과나무에 질소를 공급하는 것은 얼마나 많은 양이기보다는 정확한 시기에 주는 것이 중요한다. 질소 요구의 중요한 시기는 개화 직전(즉, 지온이 낮아 질소의 무기화가 낮을 때)이다. 전 질소요구량의 적기공급은 실제적으로 질소 비료를 시용하지 않고도 잘 성취될 수 있다. 예를 들면 생장이 개시되기 전(대략 4월 상순 경) 주간의 피복 작물을 예초하여 수관하부에 피복하는 것이다. 이 방법으로 새로 무기화된 소량의 질소뿐만 아니라 겨울 동안에 초생에 저장된 암모늄태 질소와 질산태 질소는 나무에 완전히 이용할 수 있게 된다. 질소는 전 생육기간 동안에 가장 중요하며 최소 요구량은 퇴비와 풋거름(녹비)으로 충분하나 작물이 성장하면서 많은 양의 질소를 요구한다. 다른 질소원으로 구아노, 혈분, 깃털분, 알파파분, 아미노산, 해조분, 속효성 액비 등이 있다(표 8-22). 이들 질소원은 봄철의 질소 결핍 및 추비로 유용하다. 그러나 이런 비료를 이용하는 것은 쉽게 질소 불균형을 초래할 수 있다. 토양 유기물 함량이 낮은 사과원에서 속효성 질소원을 공급하는 방법으로 유기물 공급을 보상될 수 없고 그렇게 해서도 안 된다.

표 8-22 **유기농업에 허용되는 질소 비료의 특성**

비료성분	양분함량(%)			양분방출속도
	N	P	K	
알파파분	2.5	0.5	2.0	느 림
혈 분	12.5	1.5	0.6	중 상
골 분	4.0	21.5	0.2	느 림
게껍질분	10.0	0.3	0.1	느 림
깃털분	15.0	0.0	0.0	느 림
어 분	10.0	5.0	0.0	중
구아노(박쥐)	5.5	8.6	1.5	중
구아노(바다새)	12.3	11.0	2.5	중
대두분, 유박류	6.5	1.5	2.4	중 하
생선아미노산(흙살림)	2.3	0.67	1.52	

atlantic canada. 유기농 매뉴얼에서는 엽면살포를 초기 핑크기에 fish emulsion(생선아미노산) 100L를 물 3000L에 섞어서 1ha에 살포, 또는 50L를 물 3000L에 혼합해서 낙화기에 살포한다. 해초 추출물을 엽면살포로 추천한다.

나) 인산(P)

(1) 인산의 역할

인산은 새가지와 잔뿌리 등 생리작용이 왕성한 어린 조직 중에 많이 함유되어 있다. 가지와 잎의 생장을 충실하게 하고 탄수화물 대사에 중요한 역할을 한다. 인산은 단백질의 합성에 중요한 성분으로서 수량을 증가시키고 당함량을 많게 하는 반면 신맛을 적게 하여 과실 품질을 양호하게 한다. 인산은 성숙을 촉진시키고 저장력을 증가시킨다.

(2) 인산의 흡수와 이동

사과나무 뿌리는 인산 흡수력이 매우 강하여 토양중의 인산의 농도가 낮아도 비교적 많은 인산을 흡수할 수 있다. 인산은 pH 6.0정도에서 뿌리에 흡수가 잘되며 마그네슘이 신초나 열매로 이동할 때 함께 이동할 수 있어 서로 도와준다. 사과나무에 흡수된 인산은 10분 이내에 흡수된 인산염의 80%가 여러 유기화합물에 합류된다. 식물체 안에서 인산은 매우 이동성이 커서 상하좌우로 전류된다. 도관부를 통하여 상향이동이 되고, 사관부를 통하여 뿌리쪽으로 하향 이동된다.

유기농업에서는 천연 인산질만 허용된다(표 8-23). 쉽게 이용할 수 있는 것으로 쌀겨와 증제골분을 들 수 있고, 어골(생선뼈)도 훌륭한 인산질 비료이다. 인산은 생육초기부터 중요한 성분으로 토양검정 후 밑거름으로 전량 시비한다. 보통 퇴비와 쌀겨를 이용하여 인산함량을 조절하는 것이 일반적이고, 유기질비료로는 골분이 있다. 또한 추비가 필요한 경우 인광석을 이용한다.

쌀겨는 인산을 많이 포함하지만, 불용성이기 때문에 작물에 흡수되기 어려운 결점이 있다. 왕겨와 부엽토를 넣고 발효시키면 불용성에서 흡수되기 쉬운 수용성으로 된다. 쌀겨 20kg에 왕겨 5kg, 발효를 위해 부엽토 0.1kg과 물 7L를 혼합한다. 그늘에 두고 5~7일에 1회 뒤집어서 공기와 접촉시킨다. 이를 3회 반복한다. 건조한 경우에는 수분을 첨가한다. 손으로 세게 쥐어서 뭉쳐지는 정도가 적당하다. 발효비료 약간 남겨두면 다음 해에 부엽토를 대신해 쓸 수 있다.

표 8-23 유기농업에 허용되는 인산 비료의 특성

	종류	질소(%)	인산(%)	가리(%)	비고
천연 인산질	쌀겨	2	3	1.5	지방함유
	육골분	6	10	–	인산칼슘형태
	증제골분	4	18	–	“
	소성골분	1	24	–	“
	인광석		14–32		수용성인산2%
	구아노	1–12	3–10	0–2	수용성인산 9%

다) 칼리(K)

(1) 칼리의 역할

칼리는 생장이 왕성한 부분인 생장점, 형성층 및 곁뿌리가 발생하는 조직과 과실 등에 많이 함유되어 있다. ATP의 생성을 촉진하여 동화산물의 이동을 촉진시키고 과실의 발육을 양호하게 하며, 과실의 당도를 높인다.

(2) 칼리의 길항작용

과수원에 칼리를 과다 시용하면 마그네슘과 칼슘의 흡수를 억제시킨다. 이와 같은 현상을 길항작용이라 한다. 같은 원인으로 석회나 마그네슘을 과다시용하면 뿌리에서 칼리의 흡수량이 상대적으로 적어져 결핍증이 나타난다. 따라서 길항작용을 최소화하기 위해서는 균형시비가 필요하다.

(3) 칼리의 흡수와 이동

칼리는 과수나무의 뿌리에서 능동적으로 흡수하기 때문에 흡수율이 높다. 식물체내에서 이동이 원활하여 노화된 조직에서 어린 잎으로 재이동된다. 식물체내의 칼리는 대부분 영양생장기에 흡수되며 과실이 자람에 따라 과실내에 많이 이동된다. 흡수된 칼리는 세포질에 50%이상이 유리상태로 존재한다.

(4) 칼리와 과실 수량 및 품질

과실발육중에 칼리가 부족하면 과실비대가 심하게 억제되어 소과가 생산되는 것으로 보아 칼리는 과실의 크기와 다수확을 위해서는 매우 중요한 비료이다. 특히 6월중에 칼리가 부족하면 과실비대가 극히 불량해진다. 국내 유기농업에서는 재, 퇴비, 암석분말, 일라이트 등을 통해 공급할 수 있다(표 8-24). 또한 물리적 가공만 처리된 천연의 염화가리, 황산가리, 황산가리고토 등도 이용할 수 있다.

표 8-24 유기농업에 허용되는 칼리 비료의 특성

비료성분	양분함량(%)			양분방출속도
	N	P	K	
알파파분	2.5	0.5	2.0	느 림
화강암분	0.0	0.0	4.5	매우느림
해조분(갈조류)	1.0	0.5	8.0	느 림
나무재	0.0	1.5	5.0	빠름
천연황산가리고토 (썰포마그)			45	
천연 황산칼리			50~52	
천연 염화칼리			60	

라) 칼슘(Ca)

(1) 칼슘의 역할

칼슘은 비료로서 역할보다는 토양 중화제로서의 역할에 더 큰 비중을 두어 왔다. 토양에서의 역할은 산성토양에서 생기기 쉬운 망간의 활성화, 마그네슘, 인산의 불용화를 방지한다. 칼슘은 유익한 토양 미생물의 활동을 촉진시켜 토양의 입단구조를 양호하게 하는 토양의 이화학성을 개량하는 효과가 매우 크다.

식물체에서는 각종 효소의 활성을 향상시키고 단백질의 합성에 관여하며, 세포막에서 다른 이온의 선택적 흡수를 조절한다. 또한 세포막의 펙틴화합물과 결합하여 세포벽의 견고성을 유지하는 역할을 한다. 에틸렌의 발생을 적게하고 과실의 저장 중 호흡을 억제시켜 저장력을 향상시킨다.

(2) 칼슘의 흡수와 이동

식물체의 칼슘의 흡수는 토양 용액중 칼슘의 절대 농도보다는 다른 양이온성 무기염류의 농도에 의해 흡수량이 좌우될 때가 많다. 즉 암모늄 이온은 칼슘 흡수를 저해하고 칼리, 마그네슘, 나트륨 이온 순으로 칼슘의 흡수를 억제한다. 한편 질산과 인산과 같은 음이온은 칼슘의 흡수를 촉진시킨다. 칼슘은 다른 원소와 달리 수동적 흡수에 의존하므로 잎의 증산작용이 활발할 때에 흡수속도가 빠르다. 또한 뿌리의 표피가 갈변된 이후에는 칼슘의 흡수가 거의 불가능하고, 새뿌리에서 칼슘이 흡수된다. 토양 중에 충분한 칼슘이 분포하더라도 토양이 너무 건조하면 뿌리가 흡수하지 못하므로 적당한 토양수분이 공급되어야 한다. 뿌리로부터 흡수된 칼슘은 목질부 도관까지 이동되면 원줄기와 연결된 도관을 통하여 가지, 잎, 과실로 이동한다. 식물체내에서 이동성이 매우 적어 식물체 각 기관의 분포가 균일하지 않다. 일반적으로 칼슘은 성엽에 많이 축적되고 과실내의 집적은 매우 적으며, 수체의 상단부로 갈수록 함량이 낮다.

유기재배에는 칼슘의 공급은 물리적 처리 공정만을 거친 천연석회를 이용한다. 유기농에서는 탄산칼슘, 고토석회 및 규산칼슘 같이 작용이 늦는 석회비료가 허용된다. 탄산칼슘은 칼슘공급에 사용되는 기본비료이다. 이들은 토양 pH를 높이는데 사용된다(표 8-25).

표 8-25 유기농업에 허용되는 석회질 비료의 특성

구분	고토석회	석회분	패분	계란껍질	패화석	게껍질
알카리분	53	45	40			
칼슘함량	30	38	31	37	25	20
화학형태	탄산칼슘	탄산칼슘	탄산칼슘	탄산칼슘	탄산칼슘	탄산칼슘

– 천연칼슘액비(난각칼슘) : 현미식초 20L에 계란껍질(2일 이상 완전히 건조 후 잘게 부순 것) 1kg 넣고 20~25℃ 따뜻한 곳에 두고 기포(탄산가스) 발생이 멈추면(약 7일 경과) 윗물을 이용함, 칼슘함량은 약 2% 이내로 희석배수 200~500배 사용한다.

마) 마그네슘(Mg)

(1) 마그네슘의 역할

마그네슘은 엽록소를 구성하는 필수원소이며 칼슘과 더불어 세포벽 중층의 결합염기에 중요한 역할을 한다. 인산 대사나 탄수화물 대사에 관계하는 효소의 활성도를 높여준다. 토양 중에서는 칼슘과 함께 토양산성의 교정능력이 있다.

(2) 마그네슘의 흡수와 이동

마그네슘의 공급은 석회암 토양에서는 가급태 마그네슘이 대부분으로 충분하나, 강한 산성 토양에서는 결핍되기 쉽다. 흡수된 마그네슘은 칼슘과 마찬가지로 도관부 증산류를 타고 위쪽으로 이동하며 체관부에서도 어느 정도 이동이 가능하다. 적당량의 칼리는 마그네슘이 과실과 저장조직으로 이동하는 것을 돕는다.

유기농업에서는 천연황산가리고토(썰포마그)와 간수(염화마그네슘)을 이용하여 보충할 수 있다(표 8-26).

표 8-24 유기농업에 허용되는 마그네슘 비료의 특성

비료성분	양분함량(%)				양분방출속도
	N	P	K	Mg	
천연황산가리고토(썰포마그)			45	3	
간수(염화마그네슘)			0.93	16.2	

바) 미량 요소

▶ 붕소(硼素, Boron : B)

(1) 붕소의 역할

붕소는 미량요소이지만 적정함량의 범위에서 조금이라도 부족하거나 과다하여도 예민하게 각종 생리장해를 유발한다. 붕소는 원형질의 무기성분 함량에 영향을 주어 양이온의 흡수를 촉진하고 음이온의 흡수를 억제한다. 붕소는 개화 수정할 때, 꽃가루의 발아와 화분관의 신장을 촉진시켜 결실률을 증가시킨다. 붕소는 뿌리와 신초의 생장점, 형성층, 세포분열기의 어린 과실에 필수적이며 붕소가 부족하면 이들 분열조직이 괴사한다. 붕소는 잎의 광합성산물인 당분이 과실, 가지 및 뿌리로 전류되는 것을 돕는다.

(2) 붕소의 흡수와 이동

붕소는 광물질 원소 중 가장 가벼운 비금속 원소로 토양 및 식물체에 3가지 형태의 화합물로 존재한다. 식물에 대한 붕소의 유효도는 토양 pH, 토성, 토양수분, 식물체 중의 칼슘함량 등에 의해서 영향을 받는다. 식물의 붕소흡수는 pH 증가와 더불어 감소되는데 수용성 붕소의 함량이 동일할지라도 pH가 높아지면 식물의 붕소함량은 감소된다. 비가 오지 않고 건조한 기간이 지속되면 토양 중 세균의 활성이 저하되어 유기물의 분해가 늦어지고 붕소의 방출량이 적어진다. 이것뿐만 아니라 붕소 고정량이 증가하고 토양중의 붕소의 이동이 제한되어 부족현상을 초래하기 쉽다.

▶ 철(鐵 Iron: Fe)

(1) 철의 역할

철은 과수나무의 수체내의 여러 가지 효소 구성성분으로서 엽록소의 생성에 필수적이다. 철이 부족하면 효소의 불활성화에 의하여 잎이 황화 또는 황백화 된다. 철은 광합성작용과 호흡작용 또는 뿌리의 음이온의 흡수 등에도 직접, 간접으로 관여 한다.

(2) 철의 흡수와 이동

철은 우리나라 토양 중에 충분히 함유되어 있고, 산성토양에서는 그 용해도가 높아서 사과나무에 용이하게 흡수된다. 철은 붕소나 석회와 마찬가지로 수체내에서 이동이 잘 되지 않아서 신초의 생장점에 가까운 어린잎에서 철 결핍증이 발생한다.

▶ 아 연(亞鉛, Zinc : Zn)

(1) 아연의 역할

아연의 생리작용에 대해서는 불분명한 점이 많으나 효소와 관련하여 각종 생리작용의 조정, 특히 산화환원반응의 조정에 중요한 역할을 하는 것으로 생각된다. 이밖에 아연은 엽록소의 생성에 관여하고 옥신의 합성에도 관여하는 것으로 알려져 있다

(2) 아연의 흡수와 이동

Zn 공급은 토양에서 대부분 충분하나 pH가 높은 지역에서 가용성 Zn 함량이 적을 때와 인산비료의 과다시용, 강한 태양광선의 조사조건에서 식물이 높은 요구도를 나타내므로 이때 결핍이 일어날 수 있다.

흡수한 Zn(Zn^{2+} 이온 혹은 Zn–chelate)는 단지 소량이 수용성 혹은 흡착되어 있고 대부분 유기물질에 결합되어 있다. 식물체 중 총 함량은 2~100ppm 정도이고 오래된 잎에 많이 고정되어 있다.

▶ 망 간(Manganese : Mn)

(1) 망간의 역할

망간의 생리적 기능은 Mg와 같이 공역(共役)기능을 통하거나 혹은 Mn의 원자가 변환($Mn^{2+} \Leftrightarrow Mn^{3+}$)을 통한 구성 성분으로 효소의 활성화를 기한다. 이러한 효소기능 증대를 통하여 광합성작용, 엽록소생성, 단백질 대사, 비타민 C 합성 등의 기능을 갖는다.

(2) 망간의 흡수와 이동

망간은 중금속으로서 토양 및 식물체 중에서는 주로 2가 및 3가 양이온 또는 이와 상응되는 Mn–화합물(산화물, 염류)로 존재하며 이와 더불어 일부 4가 산화물로 존재한다. 망간은 $Mn^{2+} \Leftrightarrow Mn^{3+}$로 용이하게 원자가가 변한다. 이와 같은 원자가의 변화로 착화합물(Mn–chelate)을 형성한다.

수용성 Mn^{2+}함량은 치환성 망간의 1~10% 정도이며 매우 다양한 폭을 갖으며 망간의 유효도는 pH, 유기물 함량, 배수와 통기, 대목이나 품종 등에 따라 다르다. pH 5.5 이하에서 토양은 가용성 Mn^{2+}가 많아져 망간의 흡수가 증가하고 토양유기물이 많으면 Mn^{2+}과 착염형성으로 불용성 화합물을 만들어 흡수가 저해된다. 배수가 불량하면 $Mn^{3+} \rightarrow Mn^{2+}$로 되어 흡수가 많아지고 사과의 M26대목은 M106대목에 비해 Mn 흡수가 적다.

유기물 함량이 적절히 있는 토양은 이와 같은 영양분을 충분히 공급할 수 있으나 부족한 경우 퇴비와 해조제품 등이 미량원소를 공급해줄 수 있다.

미량요소는 식물의 생육에 있어서 필수적으로 필요한 성분이지만 요구량이 적은 무기성분들을 지칭한다. 결핍이 일어나는 조건은 다음과 같다.

①근권부가 일시적으로 건조 또는 과습되어 가는 뿌리가 손상되었거나 근활력이 떨어져 흡수량이 적은 경우가 대부분이다. ②기비시 과다한 석회시용으로 토양반응(산도, pH)이 일시적으로 높아져서 미량요소가 토양수로 용해되어 나오는 양이 적은 경우(일시적일 수 있고, 시일이 경과하여 pH가 낮아지면 정상적인 흡수가 가능함) 등이 있으며, ③재배적으로 과다 결실, 강전정 등에 의한 식물체내 분배 불균일, ④생육에 영향이 큰 비료(다량요소, 특히 질소)요소의 과다시용으로 미량요소 흡수량이 상대적으로 부족해지는 경우도 있으며, ⑤생육기에 지나친 고온으로 영양소의 체내 이동 장해도 부분적으로 영향을 미칠 수 있다.

미량요소 결핍에 대한 진단은 외관적 증상으로 1차 진단하고, 재배환경이나 재배방법상에 결핍을 유발할 수 있는 조건이 없었는지를 비교 분석한 다음 종합하여 판단한다. 엽분석이나 토양분석에 의한 진단은 분석에 시일이 오래 걸리므로 장기대책에 활용하는 것이 유리하다. 진단이 잘못되면 조치를 했을 때 2차적인 장해를 유발할 수 있으므로 정확해야 한다. 따라서 본인 나름대로 진단할 수 있지만 가급적 농업기술센터 담당자나 관련기관 전문가의 자문을 받도록 하는 것이 좋다. 미량요소 결핍 장해가 발생하였을 때의 조치는 진단 결과에 따라 우선 해당 성분을 엽면살포하여 장해를 최소한으로 줄인다. 이후 생육환경 중에 장해요인을 점차 제거하는 방향으로 개선한다. 진단결과 단일 요소의 결핍인 경우는 해당성분을 소정의 방법에 따라, 복합적으로 나타난 경우는 여러 성분이 고루 들어있는 엽면살포제(4종복비)를 5일 전후의 간격으로 3회 정도 연속 살포한다.

바. 수세 및 영양진단

적정 수세의 지표로서 외관적 기준인 신초의 생육정도, 이차생장률, 엽색 및 두께 등을 이용하는 방법과 분석적인 방법으로 엽분석을 이용하여 파악할 수 있다. 그러나 이들 기준들은 지역의 기후 및 토양조건에 의해 차이가 있고 품종, 대목의 조합에 의해서도 차이가 발생된다. 그러므로 재배자는 적정 수세를 나타내는 값은 참고적일 수밖에 없다는 사실을 알아야한다. 아래에 기술된 수세 판단기준으로 종합적인 신초생육 상태 및 영양진단 값을 참고해 수체영양 관리를 효과적으로 해야한다.

[외관적 수세 판단 기준]

가) 정단신초장 (평균신초장)

수세의 지표로서 정단신초를 이용할 수 있다. 정단신초란 2년 이상 된 가지의 선단에서 자라나는 신초로 가지 전체의 수세를 나타내는 것이라 생각할 수 있으며, 여러 정단신초 길이를 평균한 값이 평균신초장이다. 일반대목 또는 MM.106, M.26을 이용한 '후지'를 기준으로 평균신초장이 30cm 전후를 보일 때 적정수세라고 하며, M.9에서는 25cm 전후인 것으로 보고 있다. 따라서 제시된 범위보다 클 경우는 수세 안정을 위한 유인, 시비체계를 적용해야 하고, 이보다 적은 범위에서는 수세회복을 위한 관리기술을 활용해야 한다.

나) 신초 정지율

신초의 신장에는 최종적 길이뿐만 아니라 신장의 시기가 중요하다. 이런 의미에서 6월말까지 70~80%의 정지율이 적정이고, 7월 상순정도에는 90%이상 정지되는 것이 적정한 것으로 알려져 있다.

다) 신초의 두께

신초의 두께는 기부에서 선단부까지 두께의 차이가 적고 땅딸막한 가지가 좋다고 한다. 이와 같은 상태의 신초가 되기 위해서는 햇빛이 잘 들어오는 것이 전제조건이지만, 주로 저장양분에 의해 초기에 어느 정도 강하게 생장하고, 비교적 조기에 신장을 멈춘 것이 이와 같은 상태가 된다.

라) 2차 생장

일반적으로 수세가 강하면 2차 생장이 발생하기 쉽지만, 7~8월에 어느 정도 2차생장이 발생하는 것은 장마기가 있는 우리나라 환경특성상 일반적인 사례이다. 바람직한 2차 생장률은 큰 나무의 경우 10% 미만, M.9와 같은 경우는 5% 미만이 적정하다. 보통 2차 생장이 20% 이상이면 수세가 지나치게 강한 것에 해당되므로 효과적인 수체관리를 해야 한다.

마) 잎의 크기

생육초기의 잎은 저장양분의 공급 상태를 강하게 반영하고 있기 때문에 초기 발생된 잎은 어느 정도 크고 두께가 있는 것이 바람직하다. 6월 양분전환기 이후 생장하는 잎은 주로 새로 만들어진 탄수화물이나 뿌리에서 흡수된 양분의 공급 상태를 반영하고 있다. 따라서 그림 8-4의 왼쪽과 같이 선단부근까지 크기에 큰 차이가 없는 것이 좋고, 이와 같은 상태가 앞에서 기술한 기부부터 선단까지 두께의 차이가 적은 신초로 유지되는 것이 좋다.

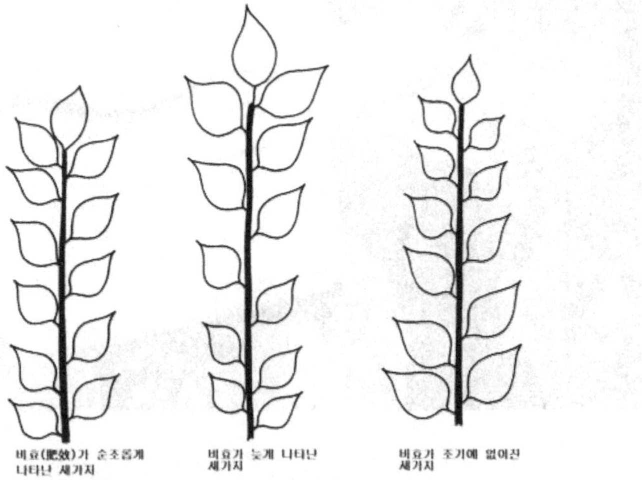

〈그림 8-4〉.비효(肥效)가 나타나는 시기에 따른 새가지 잎의 모양

바) 잎색

잎색은 엽록소의 함량에 따라 우리가 보는 초록색의 진함과 연함에 차이가 발생된다. 이는 엽록소 형성의 근간이 질소에서 비롯되기 때문인데 잎색이 진할수록 잎으로의 질소공급 상태가 강한 것을 의미하게 된다.근래에는 엽분석과 함께 이와 같은 잎색 정도를 파악함으로써 효과적인 영양상태를 파악하고자 엽색도(SPAD-502)값을 이용하고 있다(표 8-27, 그림 8-5). 일반적으로 잎색이 약간 엷은 것이 착색 및 과실품질 면에서 바람직한 상태라고 생각된다.

표 8-27 엽록소 측정기를 이용한 "후지"/M26 사과 잎 질소함량 간이 측정

구분	SPAD 502를 이용한 질소함량 추정공식	엽록소측정기 측정값	평균 질소함량 (g/kg)
5월 하순	Y = 0.6087x-1.309 r = 0.87***	46.9±3.8	27.2±2.3
6월 하순	Y = 0.6060x-3.740 r = 0.75***	49.3±3.5	26.1±2.1
7월 하순	Y = 0.4202x+4.166 r = 0.69***	50.1±4.6	25.2±1.9
8월 하순	Y = 0.4676x-0.3307 r = 0.67***	52.6±3.3	24.3±1.6

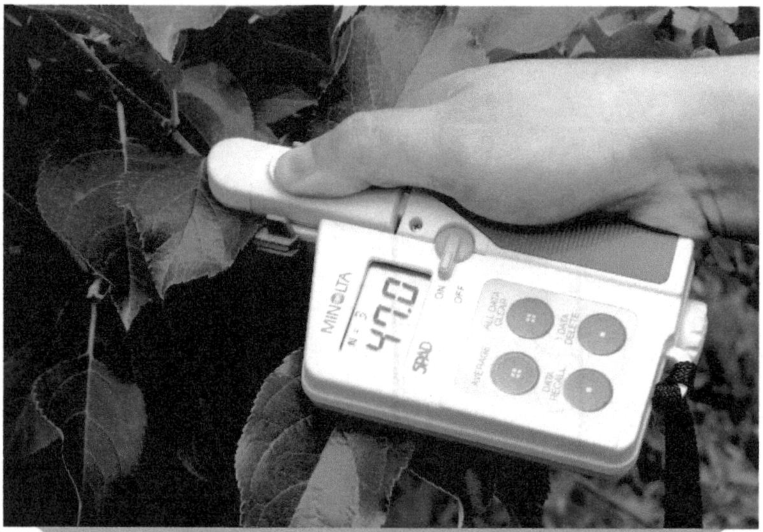

〈그림 8-5〉. 엽록소 측정기(SPAD 502)를 이용한 간이진단

사) 도장지

일반재배의 수형에서는 다소의 도장지가 발생하는 것이 보통의 상태이기는 하지만 전혀 도장지 발생이 없는 나무는 수세가 약하다.

[엽 분석]

엽분석은 수체의 과학적인 영양진단 방법으로 활용할 수 있으며(표 8-28, 8-29, 8-30), 유기재배자는 본인 과원의 잎을 채취하여 가까운 분석기관에 의뢰함으로써 영양진단을 할수 있다. 보통 엽분석은 7월 하순에서 8월 상순에 실시하는 것이 좋으며, 잎의 무기성분 함량은 엽령, 잎 위치, 토성, 비옥도 등 여러 조건에 따라 차이가 있다는 사실을 알아야 한다. 따라서 분석용 잎 시료는 일정한 기준을 세워놓고 채취하는 것이 중요하다.

가) 일반적인 엽시료 채취 방법은 발육이 정상적인 균일한 나무를 5~10주 선정하고 그중 한 그루에서 5~10매를 채취하여 합계 50~100매를 채취 한다. 이때 수관의 외부를 돌면서 눈 높이에서 있는 웃자람이 없고 과실이 달리지 않은 신초의 중간부위에서 엽령이 비슷한 성엽(제대로 자란 잎)을 채취한다.

나) 채취한 잎은 즉시 분석기관에 의뢰를 하고, 시료를 채취한 후 바로 의뢰를 할 수 없을

때는 세척 후 서늘한 그늘에서 시료를 말리는 것이 손실률을 줄이는 방법이 된다.

표 8-28 사과(후지/M26)의 엽중 무기성분함량 기준

구분	식양토		양토		사양토	
	표준치	적정 범위	기준치	적정 범위	기준치	적정 범위
N(g/kg)	25.1	23.1~27.0	24.4	22.1~26.8	25.6	23.1~28.1
P(mg/kg)	1.40	1.03~1.68	1.42	1.04~1.79	1.72	1.34~2.11
K(g/kg)	14.82	12.55~17.09	15.16	12.96~17.36	13.95	11.88~16.02
Ca(g/kg)	9.80	7.83~11.78	9.85	7.87~11.83	9.94	7.95~11.94
Mg(g/kg)	2.45	1.99~2.91	2.13	1.55~2.71	2.27	1.67~2.86
B(mg/kg)	43.3	23.8~63.1	35.2	20.7~49.6	33.0	16.4~49.6

표 8-29 '후지'/M.9의 시기별 잎의 무기성분함량 기준

구분	5월 하순		6월 하순		7월 하순		8월 하순	
	표준	기준	표준	기준	표준	기준	표준	기준
N(g/kg)	24.6	21.5~27.8	24.2	20.9~27.5	23.0	21.0~25.0	22.0	20.1~23.8
P(g/kg)	2.25	1.81~2.68	2.10	1.65~2.56	1.83	1.18~2.48	2.11	0.90~3.33
K(g/kg)	16.6	13.9~19.3	15.6	12.2~18.9	11.7	9.8~13.7	11.4	9.62~13.2
Ca(g/kg)	4.88	3.31~6.44	6.09	3.82~8.35	7.62	6.01~9.23	8.75	7.62~9.89
Mg(g/kg)	2.26	1.94~2.58	2.27	1.86~2.68	2.43	1.94~2.91	2.40	2.00~2.79
B(mg/kg)	15.8	11.6~20.0	19.9	11.8~27.9	19.7	12.7~26.7	17.0	14.9~19.1

표 8-30 사과 잎의 임계 무기성분함량

(Ferree 외, 사과, 2003)

성분	단위	결핍	정상	과잉
질소		〈1.5	1.7–2.5	
인산		〈0.13	0.15–0.30	
칼륨	%	〈1	1.5–2.5	
칼슘		〈0.7	1.2–2.0	
마그네슘		0.20	0.26–0.36	
황		〈0.1	0.1–0.3	
망간		〈25	25–120	〉120
철		〈45	45–500	
붕소	ppm	〈20	25–60	〉70
구리		〈5	5–12	
아연		〈14	15–120	130–160
몰리브덴		〈0.05	0.1–0.2	

[참고 자료]

- 국립원예특작과학원. 2013. 사과재배(농업기술길잡이 5). 농촌진흥청.
- http//www.nongsaro.go.kr 농업기술 → 농업기술정보 → 영농활용기술.
- 김병삼 등. 2014. 포도 유기재배 매뉴얼. 전라남도 농업기술원.
- 농촌진흥청장. 2013. 퇴비제조와 이용(농업기술길잡이 89). 농촌진흥청
- 박진면 등. 4014. 과원에서 녹비작물과 가축분 액비 이용기술 매뉴얼. 농촌진흥청.
- 윤성희. 2009. 유기농업 자재의 이론과 실제. 흙살림 연구소.
- D.C.Ferree and I.j. Warrington. 2003. apples. CABI publishing.
- Gregory M.Peck, Ian A. Merwin. 2009. a grower's guide to organic apple. NYS IPM Publication.
- G. Braun and B. Craig. 2008. organid apple production guide for Atlantic Canada.

Agriculture and Agri food Canada.
- D.M. Sullivan and N.D. Andrews. 2012. Estimatiing plant-available nitrogen release from cover crops. Oregon state university.
- 青森懸りんご生産指導要項編集部會. 2010. りんご生産指導要項. 青森懸りんご協會.
- JA全農 肥料農薬部. 2010. だれにもできる土壌診斷の讀み方と肥料計算. 農文協.

M a n u a l o f O r g a n i c A p p l e

사과 유기재배 매뉴얼

Manual of Organic Apple

w w w . n i h h s . g o . k r

Chapter 09

병해충 종합관리

병해충 종합관리

가. 예방과 환경 개선

사과원 주변의 병해충 발생원이 되는 기주식물은 가능한 제거를 하는 것이 좋다. 붉은별무늬병의 중간기주가 되는 향나무가 근처에 있는 경우는 가능한 제거하고, 신규과원 개원 시 집주변에 향나무는 식재하지 않아야 한다. 호두나무나 아까시나무가 있는 경우는 탄저병이 걸릴 위험성이 높기 때문에 제거하거나 과원 관리 시 유의해야 한다. 또한 사과원 주변에 심식나방류의 발생원이 되는 야생복숭아나무는 제거하고, 같은 마을에 복숭아, 자두, 배과원이 있을 경우 심식나방류의 피해가 우려되기 때문에 관리할 때 주의를 기울여야 한다. 병이나 해충에 피해를 받은 과실이나 가지 등을 방치하면 그 다음해에도 피해의 원인이 되기 때문에 가능한 이들을 제거하고, 과원은 항상 청결하게 유지하는 것이 좋다.

나. 주요 병해 관리

사과나무의 기생성 병해는 우리나라에는 진균병 32종, 세균병 4종과 바이러스 4종, 바이로이드 1종으로 총 41종이 알려져 있다. 그러나 생육기간 중에 방제해야 하는 병은 붉은별무늬병, 점무늬낙엽병, 갈색무늬병, 겹무늬썩음병, 탄저병, 그을음병 및 그을음점무늬병 등 8종 정도이다. 또한, 부란병과 토양병해인 역병, 자주날개무늬병, 흰날개무늬병도 사과원에 따라서는 방제할 필요가 있는 병이다. 잎에 발생하는 갈색무늬병은 조기낙엽과 같은 피해로 가장 중요한 병해이다. 과실에 발생하는 병해 중 탄저병과 겹무늬썩음병은 그 중요도가 바뀐 것으로서, 1970년대까지는 '홍옥'과 '국광'이 주품종이어서 탄저병이 문제병해였으나, 1980년대 이후에는 후지가 주품종으로 변화되면서 겹무늬썩음병이 문제병해로 되었다. 2000년대 이후에는 국내 육성 품종인 '홍로' 품종 등 조 · 중생종 품종의 재배면적이 증가하면서 다시 탄저병 발생이 증가하고 있다.

[붉은별무늬병]

· **병원균**: *Gymnosporangium yamadae* Miyabe ex Yamada
· **영　명**: Japanese apple rust　　· **일　명**: アカホシ病

〈병징과 진단〉

잎, 과실, 가지에 발생하나 주로 잎에서 발생한다. 5월 상 · 중순부터 잎 표면에 1mm정도의 황색 반점이 나타나 윤기있는 등황색(오렌지색)으로 변하며 병반은 0.5~1cm정도로 커진다. 잎 뒷면이 두터워져서 6월부터 털 모양의 수포자기(銹胞子器)를 많이 형성한다.

〈그림 9-1〉 향나무에 형성된 포자퇴와 사과나무 잎의 병징

〈발생생태〉

사과나무 잎 뒷면에서 9~10월에 형성된 수포자는 형성직후 발아하지 않고 월동 후 다음 해 봄에 향나무에 침입한다. 그 해 여름을 지낸 후 병반을 형성하고 그 다음 해 봄 3~5월에 동포자퇴가 형성된다. 동포자퇴는 4~5월 강우에 부풀어 담포자가 형성되고 바람에 의해 비산되며 비산거리는 2km 내외에 달한다. 비산된 담포자는 사과나무에 침입, 발병하여 피해를 주고 다시 정자와 수포자를 형성한다.

〈관리방안〉

사과원 부근 2km이내에 중간기주인 향나무를 심지 않도록 한다. 인근에 향나무가 있다면 향나무에 형성된 혹(동포자퇴)이 터져서 한천 모양이 되기 전에 잘라서 태우든가, 4월~5월에 석회유황합제를 살포한다. 현재 우리나라 유기재배 사과원에서 특별한 관리를 하지 않아도 경제적 피해는 거의 발생하지 않는 병해이다.

[점무늬낙엽병]

· **병원균**: *Alternaria mali* Roberts
· **영 명**: Alternaria blotch · **일 명**: ハンテンラクヨウ病

〈병징과 진단〉

잎, 과실, 가지에 발생하지만 주로 잎과 과실에서 발생한다. 5월부터 잎에 2~3mm의 갈색 또는 암갈색 원형 반점이 생기며 여름에 자라 나온 새 가지의 잎에 발생이 많다.

〈그림 9-2〉 점무늬낙엽병 분생포자와 사과나무 잎의 병징

〈발생생태〉

병든 잎, 과실, 가지에서 균사 또는 분생포자로 월동한 후 봄에 형성된 분생포자에 의해 1차 감염이 이루어진다. 포자비산은 4월부터 일어나기 시작하여 10월까지 계속되지만 6월에 가장 많고 7, 8, 9월에도 꾸준히 비산된다. 2차 전염은 잎에서 발생한 병반에서 형성된 분생포자에 의해 계속 일어나며 과실의 감염은 7~8월에 가장 많이 일어난다.

〈관리방안〉

이른 봄에 낙엽을 모아 태운다. 여름 전정을 통하여 병반이 많은 도장지를 잘라서 통풍,

투광을 원활히 한다. 질소가 과다하여 잎이 연약할 때 발생이 많으므로 과다하지 않도록 한다. 홍로 품종에서 다발생하고 있으나, 4~5월 석회유황합제, 6~8월 석회보르도액을 사용하는 유기재배 사과원에서는 피해가 심하지 않았다.

[갈색무늬병]

· **병원균**: *Diplocarpon mali* Harada & Sawamura
· **영　명**: Marssonina blotch　　· **일　명**: カッパ゚ンビ゙ョウ

〈병징과 진단〉

잎, 과실에 발생하나 주로 잎에서 발생한다. 원형의 흑갈색 반점이 형성되어 점차 확대되어 직경 1cm정도의 원형~부정형 병반이 되며 병반위에는 흑갈색 소립이 많이 형성되며 여기서 포자를 생성한다. 병반이 확대되어 여러 개가 합쳐지면 부정형으로 되며, 발병 후기에는 병반 이외의 건전부위가 황색으로 변하고 병반주위가 녹색을 띄게 되어 경계가 뚜렷해지며 병든 잎은 쉽게 낙엽이 된다.

〈그림 9-3〉 갈색무늬병 잎의 병징과 과실의 병징

〈발생생태〉

병든 잎에서 균사 또는 자낭반의 형태로 월동하여 다음 해 1차 전염원이 된다. 이 병의 포자비산은 4월부터 시작되어 10월까지 계속되는데 7월 이후 증가하여 8월에 가장 많은 양이 비산된다. 잎에서는 빠르면 6월 중하순에 병징이 나타나기 시작하며 7월 상순경에는 과수원에서 관찰할 수 있다. 8월 이후 급증하여 9~10월까지 계속된다. 여름철에 비가 많고 기온이 낮은 해에 발생이 많으며 배수불량, 밀식 등의 과수원에서 많이 발생한다. 사과나무에서 조기낙엽을 가장 심하게 일으키는 병이다. 무농약, 유기재배 사과원에서는 석회보르도액 살포로 크게 문제되지 않으나, 관행재배 사과원에서는 가장 문제 되고 있는 병이다.

〈관리방안〉

관수 및 배수철저, 균형 있는 시비, 전정을 통해 수관 내 통풍과 통광을 원활히 한다. 병에 걸린 낙엽을 모아 태우거나 땅속에 묻어 월동 전염원을 제거한다. 장마 전인 6월 중순경부터 8월까지 석회보르도액을 4회 내외로 맑은 날에 살포하는 경우에 효과적으로 방제가 된다. 그러나 일부 석회보르도액을 사용하지 않고 유기재배를 하는 사과원에서는 피해가 심각하게 문제된다.

[탄저병]

· **병원균**: *Glomerella cingulata* Spauld. & Schr.
· **영 명**: Bitter rot · **일 명**: タンソ病

〈병징과 진단〉

처음에는 과실에 갈색의 원형반점이 형성되어 1주일 후에는 직경이 20~30mm로 확대되며, 병든 부위를 잘라보면 과심방향으로 과육이 원뿔모양 즉 V자 모양으로 깊숙이 부패하게 된다. 과실표면의 병반은 약간 움푹 들어가며 병반의 표면에는 검은색의 작은 점들이 생기고

〈그림 9-4〉 탄저병 초기병징과 후기병징

습도가 높을 때 이 점들 위에서 담홍색의 병원균 포자덩이가 쌓이게 된다.

〈발생생태〉

주로 '홍로', '홍옥', '산사' 품종 등에서 심하게 발생한다. 사과나무 가지의 상처부위나 과실이 달렸던 곳, 잎이 떨어진 부위에 침입하여 균사의 형태로 월동한다. 이후 5월부터 분생포자를 형성하게 되며 비가 올 때 빗물에 의하여 비산되어 제 1차전염이 이루어지고 과실에 침입하여 발병하게 된다. 과실에서는 7월 상순경에 최초 발생하며 7월 하순에서 8월 하순까지 많이 발생하며 9월 중순 이후 감소한다. 저장 중에도 많이 발생한다.

〈관리방안〉

중간기주가 되는 아카시나무와 호두나무를 사과원 주변에서 제거하는 것이 좋다. 특히 평지에 있는 홍로 품종 사과원은 약 40m이내에 아카시나무와 호두나무가 없어야 한다. 병든 과실은 따내어 땅에 묻고 수세가 건강하도록 비배관리를 철저히 한다. 그래도 탄저병 발생이 문제된다면 봉지씌우기를 하면 병원균의 전염이 차단되어 병 발생이 줄어든다.

[겹무늬썩음병]

· **병원균**: *Botryosphaeria dothidea* Cesati & De Notarise
· **영 명**: white rot · **일 명**: リンモン病

〈병징과 진단〉

최초의 병징은 과점을 중심으로 갈색의 작고 둥근 반점이 생기는데, 이 반점의 주위는 붉게 착색되어 눈에 잘 띈다. 병반이 확대되면 둥근 띠모양으로 테가 생기지만 띠모양이 확실하지 않는 경우도 있고, 과실이 썩으면서 색깔이 검게 변하는 것도 있다. 가지에서의 병반은 사마귀를 형성하는 것과 사마귀를 형성하지 않고 조피증상을 나타내는 것, 검붉은 색의 암종을 형성하는 것의 3가지 유형으로 나누어진다.

〈그림 9-5〉 겹무늬썩음병 초기병징, 후기병징, 줄기 사마귀증상

〈발생생태〉

병원균은 사마귀 조피증상이나 가지마름증상, 전년도 이병과실에서 월동한다. 다음해 5월 중순~8월 하순경 사이 비가 올 때 포자가 누출되고 빗물에 튀어 과실의 과점 속에서 잠복한다. 이후 과실이 성숙되어 수용성 전분함량이 10.5%에 달하는 생육후기에 발병한다. 일부 일소피해를 입은 과실에서는 7월 하순에 발병하는 경우도 있지만 대부분 9월 하순 이후에 다발생하며, 초기에 발병된 과실에서는 병반 상에 작은 흑색소립 형태로 나타난다.

〈관리방안〉

석회보르도액을 적절하게 살포한다면 갈색무늬병과 마찬가지로 방제가 가능한 병해이다. 문제가 된다면 병원균의 월동처에서 비산된 포자가 과실에 부착하지 못하게 하는 봉지씌우기 재배로 해결이 가능하다. 유목기부터 토양내 유기물을 충분히 주고 물관리를 철저히 하여 줄기에 진물증상과 사마귀가 생기지 않게 한다. 전정한 나뭇가지를 과수원 바닥에 방치하게 되면 여기에 병원균이 부생적으로 기생하여 다량의 포자를 형성하게 되고, 이들이 전염원이 될 수도 있기 때문에 과수원 밖으로 제거한다.

[역병]

· **병원균**: *Phytophthora cactorum* (Lebert & Cohn) Schroeter

· **영 명**: Phytophthora fruit rot · **일 명**: エキ病

〈병징과 진단〉

사과 역병은 피해부위에 의해 과실역병, 뿌리역병, 대목역병, 줄기역병 등으로 나누는데, 땅가 부분(地際部)과 뿌리에 발생하여 나무전체를 고사시키는 뿌리역병과 대목역병의 피해가 심하다. 대목역병은 땅가 부분과 접하는 대목부에서 처음에는 목질부가 흑갈색으로 변색된다. 이병된 나무는 갑자기 쇠약해지고 잎이 황변하여 조기낙엽되며 유목은 조기에 고사한다. 뿌리역병은 외견상 수세가 약화된 나무의 지제부를 보면 수피가 완전히 갈변되어 부패된 것을 볼 수 있고, 나무주위의 토양을 채취하여 잔뿌리를 보면 지표면 근처의 뿌리는 갈변되어 부패하고 땅속 약간 깊은 곳의 뿌리는 건전한 것이 특징이다.

〈그림 9-6〉 과실역병 병징과 대목역병 병징

〈발생생태〉

병원균은 주로 병든 부위에서 균사나 난포자 형태로 월동한다. 다음해 1차 전염원이 되며, 토양 중에서도 난포자 형태로 오랫동안(2년 이상) 생존하여 전염원이 될 수 있다. 난포자는 환경조건이 나쁘면 발아하지 않고 견디다가 적당한 환경조건이 주어지면 발아하여 땅가 부분의 목질부나 뿌리부분을 침입한다. 병반에서 분출된 병원균은 빗방울에 튀어 땅가 부분의 과실에도 이병되기 시작하고 점차 상부 과실로 전파된다. 장마가 오래 계속되는 해에 많이 발생하고, 늦은 봄과 이른 가을에 피해가 크다. 한여름에는 진전이 억제된다. 습하고 배수가 불량한 토양에서 병 발생이 심하며, 한번 발생하면 방제가 매우 어렵다.

〈관리방안〉

대목역병은 토양이 다습상태가 될 때 발생이 많으므로 암거배수 등으로 배수를 잘 하도록 한다. 저항성 대목을 선택하고 심을 때에는 대목부가 지하로 완전히 묻히지 않도록 하는 것이 중요하다. 뿌리역병은 나무를 고사시킨다는 점에서 가장 중요시되나 방제방법 역시 가장 어렵다. 자연초생재배를 통해 연차별로 토양 내에서 병원균의 밀도를 줄여나가는 것이 효과적이다.

[흰날개무늬병]

· **병원균**: *Rosellinia necatrix* (Harting) Berlese
· **영　명**: white root rot　　· **일　명**: 白モンパ病

〈병징과 진단〉

지상부에 쇠약증상, 착화 과다, 여름철의 위조, 잎의 황변 등의 이상 증상이 급격히 나타나기도 한다. 굵은 뿌리의 표피를 제거하면 목질부에 백색 부채모양(白紋羽)의 균사막과 실모양의 균사속을 확인할 수 있다. 시간이 경과하면 흰색의 균사는 회색 혹은 흑색으로 변한다.

〈그림 9-7〉 흰날개무늬병 줄기 병징과 뿌리 병징

〈발생생태〉

사과나무에서 이 병은 주로 재배한지 10년 이상의 노목(老木)이나 오래된 과원에서 발생이 심하다. 심하게 발병하여 죽은 나무를 뽑아내고 새로운 유목으로 교체한 과원에서는 2~3년생의 유목에 발생하는 경우도 있다. 토양 내에서 병원균 포자에 의한 전염은 어려우며 피해를 입은 뿌리에 붙은 병원균 균사로 전염이 이루어지고 뿌리의 표면에서 균사가 자라 균핵을 형성한다.

〈 관리방안 〉

묘목에 병원균이 묻어서 옮겨지는 경우가 많으므로 묘목을 심기 전에 반드시 침지 소독을 실시한다. 유기물 사용량을 늘리고, 배수 및 관수관리를 철저히 하여 급격한 건습, 강전정, 과다결실를 피하고 부숙퇴비를 시용 하는 것이 중요하다. 전정가지를 잘게 부셔 유기물로 시용하는 것은 토양 병원균의 생존을 도와 오히려 토양병해 발생을 조장할 수 있으므로 흰날개무늬병 발생이 있는 밭에서는 이를 지양하는 것이 좋다. 것이 중요하다. 뿌리역병은 나무를 고사시킨다는 점에서 가장 중요시되나 방제방법 역시 가장 어렵다. 자연초생재배를 통해 연차별로 토양 내에서 병원균의 밀도를 줄여나가는 것이 효과적이다.

[자주날개무늬병(紫紋羽病)]

· **병원균**: *Helicobasidium mompa* Tanaka
· **영 명**: violet root rot　　· **일 명**: 紫モンパ病

〈병징과 진단〉

병 발생 초기에는 잎이 조기에 황화되고 신초의 생육이 나빠지며 화아의 착생이 많고 과실의 굵기는 작아지고 색깔이 빨리 난다. 병이 진행되면 잎이 황화되면서 지상부는 극도로 쇠약해져 결국에는 고사한다. 심하게 감염된 나무의 지하부 표피에서 적자색 실 모양의 균사(菌絲)나 균사속(菌絲束)을 볼 수 있고, 습도가 높은 경우에는 원줄기(樹幹)상부에도 자주색 구름모양의 버섯이 형성되는 경우가 있다.

〈그림 9-8〉 줄기에 형성된 버섯과 흡지에 형성된 버섯

〈발생생태〉

산림토양이나 뽕나무 밭 등에서 많이 존재하고 생육도 왕성하다. 이러한 곳을 개간하여 과원을 조성한 곳에서 병 발생이 많다. 병원균은 토양 내에서 보통 4년간 생존이 가능하다. 이 병의 감염시기는 대략 7월 상순부터 9월 중하순경으로 추측된다. 자주색 균사조직은 다른 토양병원균에서 볼 수 없는 특징을 가지고 있으므로 쉽게 판정이 가능하며, 병에 감염된 뿌리는 표피가 쉽게 벗겨지고 목질부로부터 잘 이탈된다.

〈관리방안〉

과수원을 새로 조성할 때에는 식물체의 뿌리나 잔재를 철저히 제거한다. 묘목에 병원균이 묻어서 옮겨지는 경우가 많으므로 묘목을 심기 전에 반드시 침지 소독을 실시한다. 발병이 심한 과원에서는 객토 및 토양개량을 실시하고 석회나 인산질 비료를 시용한다. 적절한 수세관리를 위하여 유기물 사용량을 늘리고, 배수 및 관수관리를 철저히 하여 급격한 건습을 피하고, 나무에 급격한 변화를 주는 강전정을 삼가야 한다.

[부란병 (腐爛病)]

· **병원균**: *Valsa Mali* Miyabe & Yamada
· **영 명** : Valsa canker · **일 명** : フランン病

〈병징과 진단〉

가지, 줄기에 발생한다. 나무껍질이 갈색으로 되며 약간 부풀어 오르고 쉽게 벗겨지며 시큼한

〈그림 9-9〉 부란병 줄기 병징과 포자유출사진

냄새가 난다. 병이 진전되면 병에 걸린 곳에 까만 돌기가 생기고 여기서 노란 실모양의 포자퇴가 나오는데 이것이 비, 바람에 의해 수많은 포자로 되어 날아간다.

〈발생생태〉

병원균이 가장 쉽게 침입하는 곳은 과대, 전정부위, 밀선, 큰 가지의 분지점, 동상해를 입은 곳 등인데 반드시 죽은 조직을 통해서 감염된다. 감염은 포자만 있으면 연중 어느 시기에나 일어날 수 있지만 감염최성기는 12월에서 4월까지이다. 일단 발병하면 병반은 연중 진전되며 봄에서 초여름까지 가장 빠르게 진전하고 여름에는 일시 정체하나 가을에 다시 진전한다. 겨울에도 느린 속도이긴 하지만 병반의 진전은 계속된다.

〈관리방안〉

퇴비 위주로 비배관리를 잘 해서 사과나무에 질소 함량이 적절하게 유지 한다. 전정부위나 동해를 입은 곳 등을 통해 감염하기 때문에 전정부위는 바짝 잘라 먹물 등 도포제를 바르고 동해를 입지 않도록 한다. 전정은 이른 봄에 하고 병에 걸린 부위를 일찍 발견하여 깍아 낸다. 잘라낸 병든 가지는 모아 태워 전염원을 제거한다.

〈예방〉

▶ 적화제의 활용

병원균은 손적과 후 과대에 남은 열매꼭지(과병)으로도 침입 감염하기 때문에 적과를 빨리하여 열매꼭지가 과대에 남지 않도록 한다.

▶ 전정상의 주의

전정을 할 때는 가지 기부에 그루터기를 남기지 않도록 자르는 것이 좋다. 그루터기를 길게 남기고 자르면 그 부분이 고사하여 부란병균이 쉽게 침입한다. 전정시기는 경영규모와 노동력 사정에 따라 다르나 부란병 예방의 관점에서는 초겨울이나 엄동기는 피하고 가능한 3월에 한다.

▶ 자른 부위 및 상처부위 보호

전정에 의해 생기는 자른 부위는 먹물 등 도포제를 그날 바른다. 감염의 방지와 칼루스 형성을 촉진한다.

▶ **조피 제거**

몸통부란은 초봄부터 발병하고 병반이 확대된다. 발아 전에 조피를 제거하면 몸통부란을 조기에 발견하는 것이 가능하여 조기 치료에 도움이 되므로 반드시 실시한다.

▶ **수확시 주의**

이 병원균은 수확시 꼭지가 부러지고, 꼭지가 뽑혀서 남은 열매꼭지로 침입해서 발병하는 것이 많으므로 열매꼭지가 과대에 남지 않도록 조심스럽게 수확한다. 열매꼭지가 남은 경우 반드시 과대로부터 제거한다.

▶ **수세의 적정화**

수세가 약한 나무는 부란병에 걸리기 쉬우므로 전정은 가지 끝자르기 등 잘라돌림을 조금 많이 하고, 엽면살포나 퇴비멀칭을 실시한다. 또 수세가 극단으로 강해도 동해에 의해 침입경로가 증가하거나 이 병에 대한 저항성이 저하되므로 전정은 가지솎음을 주로하고 시비량도 줄여서 수세의 적정화를 도모한다.

▶ **퇴비시용**

퇴비를 시용하면 부란병에 대한 수체의 저항성이 강해져 발병하기가 어렵게 된다. 초생재배를 하면서 충분한 퇴비를 시용한다.

〈치료〉

▶ **가지부란을 잘라내어 처리**

가지부란은 전정할 때에 철저히 제거하고, 5–6월 이후도 발병하므로 수시로 둘러보고 발견한 즉시 자르는 것이 중요하다. 또 병원균은 외관상 병반보다도 더 멀리 침입해 있으므로 잘라낼 때에는 건전한 부분을 5cm 이상 붙여 잘라서 병원균이 남지 않도록 한다. 잘라 낼 경우는 그 후의 칼루스 형성을 좋게 하여 말라 들어가는 것을 적게 하기위해서 건전한 눈(또는 가지) 조금 위에서 자른다. 자른 피해가지를 그대로 과원에 방치하면 여기에서 병원균이 비산하여 만연하게 되므로 반드시 소각 처분한다. 또 건전한 가지도 잘라낸 다음 과원내에 방치한다든지 지주 등으로 사용하면 안 된다.

▶ **몸통부란의 처리**

전정 때부터 자주 원내를 둘러보아 몸통부란의 조기발견에 노력하고 피해부에는 다음과 같이 처리를 한다.

- **깎아내기 법에 의한 치료**

병환부를 전용 나이프 이용해서 도려내고, 그 부위에 도포제를 도포해서 치료하는 방법이다.

- **진흙감기**

물을 부어 둥근 모양으로 반죽한 진흙을 병반부보다도 5-6cm 넓게,3-5cm의 두께로 붙이고 그 위를 비닐 또는 폴리에틸렌 등으로 피복하여 내부의 진흙이 마르는 것을 방지하도록 해서 약 1년간 그대로 둔다. 진흙감기를 한 경우 병반부는 제거하지 않아도 좋으나 병반부를 간단히 도려내고 진흙감기를 하면 한결 효과적이다.

진흙감기에서 주의할 점은 피복내부에 흙이 붙지 않은 부분의 피층부가 부패하는 것이다. 이를 방지하기 위해서는 때때로 부패유무를 점검토록하고 피복부를 결속하는 경우는 내부가 과습하지 않도록 약하게 매어둔다. 또 진흙을 바른 반대쪽의 피복부에 작은 구멍을 내어 물방울이 생기는 등 과습하지 않도록 하고 피복부는 필요 이상으로 넓게 하지 않는다.

▶ 다리접(교접)에 의한 수세회복

몸통부란병에 걸려 크게 껍질부(피층부)를 깎아낸 경우 수세가 쇠약해지므로 교접을 하여 수세회복을 꾀한다. 퇴비 추출물 등 엽면살포에 의한 수세회복도 도모한다.

▶ 피해가 심한 나무의 갱신

발병이 심하고 큰 가지가 잘라져나가고 수량이 현저히 감소한 나무는 치료 대책을 강구해도 회복이 용이하지 않다. 또 수세쇠약에 의해 재감염률도 높다. 때에 따라서 병원균의 전염원이 다량 생산될 수 있으므로 회복가능성이 없는 경우는 과감하게 제거하는 것이 좋다. 따라서 부란병의 발생이 격심한 사과원에서는 보식용 묘목을 조속히 육성하여 갱신을 원활히 한다.

[그을음병/ 그을음점무늬병]

- **병원균**: *Gloeodes pomigena*(Schweints) Colby/*Schizothyrium pomi*(Mont.& Fr.) Arx
- **영 명**: Sooty blotch/Flyspeck · **일 명**: ススハンタ病/スステン病

〈병징과 진단〉

그을음병은 과실 표면에 흑녹색의 원형 또는 부정형의 그을음 모양의 병반이 형성되며 나뭇가지에도 장타원형의 병반이 형성되며 병반은 과실 전면에 형성되고 손으로 문질러도 간단히 제거되지 않는다. 그을음점무늬병의 병반은 과실의 표면에 6~8개 때로는 50개 이상의 암흑색의 작은 점이 원을 이루어 형성되며, 이들 작은 점은 광택이 있고 약간 융기해 있어 마치 파리똥처럼 보인다.

〈그림 9-10〉 그을음병 병징과 그을음점무늬병 병징

〈발생생태〉

그을음병은 봄에 포자를 형성하며 강우에 의해 포자가 분산되는 과실의 감염은 빠른 경우 낙화 2~3주부터 시작되며, 최적 조건하에서 12~18일간의 잠복기를 거쳐 발병하게 되며 포장조건에서는 20~25일의 잠복기간이 소요된다. 그을음병의 발생시기는 6월 중순부터 9월 하순까지이다. 봄과 가을에 기온이 낮고 강우가 잦으면 발생이 많아지고, 여름의 고온 기간에는 발생이 적다.

〈관리방안〉

과수원내 통풍이 나쁜 나무에서 발생이 많으므로 적절한 여름전정을 실시한다. 탄저병과 겹무늬썩음병 방제를 위하여 봉지씌우기를 하면 그을음(점무늬)병은 오히려 문제가 될 수 있으므로 봉지씌우기 전에 비가 오지 않는 날을 잘 선택해서 봉지를 씌워야 한다.

다. 주요 해충 관리

우리나라에서 사과 해충으로 알려진 종류는 총 312종으로 과수류 중 가장 많으며, 이중 나비목이 169종으로 가장 많고 딱정벌레목, 매미목 순이다. 그러나 이들 모두가 방제를 해야 될 정도로 문제가 되는 것은 아니고 대부분은 경제적인 피해를 주지 않는 것들이다. 유기재배 사과원에서 발생량도 많고 실제 피해가 문제되는 해충으로는 사과혹진딧물, 조팝나무진딧물, 복숭아심식나방, 복숭아순나방, 사과굴나방, 사과면충, 사과유리나방, 과실가해 노린재류, 나무좀류 등이다.

이들 주요 해충 외에도 수세가 약한 밀식재배 사과나무에 나무좀 피해, 초생재배와 주변 식생의 변화에 따라 개화기 신초와 어린과실을 가해하는 애무늬고리장님노린재와 수확기에 과실의 즙액을 빨아 먹는 노린재류의 피해가 문제되고 있다. 특수한 지역에서 주간부에 사과유리나방의 피해와 방패벌레가 나타나고 유해 조류에 의한 과실 피해도 문제시 되고 있다.

[사과응애]

· **학 명**: *Panonychus ulmi* Koch
· **영 명**: European red mite · **일 명**: リンゴハダニ

〈피해증상〉

잎의 앞면과 뒷면에서 구침(주둥이)을 세포 속에 찔러 넣고 엽록소 등 내용물을 흡즙하므로 이 부분이 흰반점으로 보인다. 피해잎은 황갈색으로 변색되어 광합성 및 증산작용이 저하되며, 심하면 8월 이후에 조기낙엽이 된다. 또한 과실의 비대생장 · 착색 · 꽃눈형성 저하 등에 영향을 주기도 한다.

〈형태〉

알은 적색으로 둥글납작하며 윗면 중앙에 털이 하나 있고 직경은 0.15㎜이다. 약충은 3가지 형태(유충, 제 1약충, 제 2약충)로 구분된다. 유충은 알보다 약간 크며 다리가 3쌍인 것이 특징이다. 암컷 성충은 암적색의 달걀 모양이고, 등쪽 털은 뚜렷한 백색의 혹 위에 나 있으며 몸길이는 0.4㎜ 내외이다.

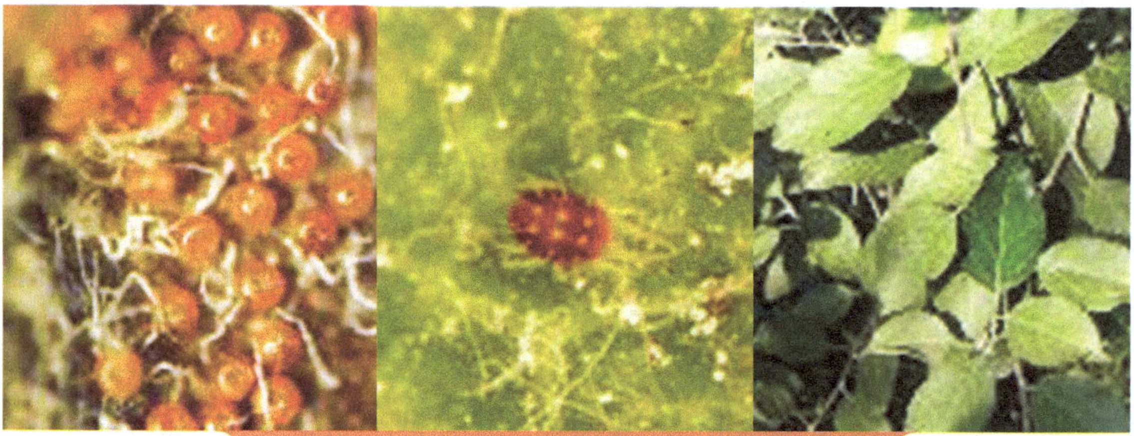

〈그림 9-11〉 알, 암컷성충, 피해잎

〈발생생태〉

알로 작은 가지의 분기부(分岐部)나 겨울눈 기부에서 월동하고, 사과나무의 개화기인 4월 하순~5월 상순에 부화한다. 부화한 유충은 잎으로 이동하여 섭식하며, 유충과 약충은 주로 잎의 뒷면에 서식하지만 성충이 되면 잎의 양면에 서식한다. 연간 7~8세대를 경과하지만, 7월 이후는 세대가 중복된다. 6월 하순 이후 기온이 상승하면서 증식이 빨라져 발생 최성기는 7월 하순~8월이지만 응애약 살포에 따라서 차이가 있다. 9월하순경부터 월동알을 낳는 암컷이 생겨서 월동부위로 이동하여 산란을 한다.

〈관리방안〉

응애는 건조하고 고온이 지속될 경우에 급격히 발생이 증가한다. 따라서, 스프링쿨러나 점적관수를 적절히 실시하여 사과원 수관내의 온도를 낮추고 습도를 적당히 유지하면 응애 발생 정도를 낮출 수가 있다. 또한, 응애는 잎에 먼지가 많을 경우에 다발생하므로 도로변과 같이 먼지가 많은 곳에서는 스프링쿨러를 이용하여 먼지를 가끔 제거하는 것이 좋다. 착과량이 많은 나무가 응애 피해에 더욱 취약하므로 적당한 착과량 조절도 중요하다. 월동알을 방제하기위해 기계유유제를 발아기 직전 3월 하순에 60~70배로 살포하는 것이 농약방제효과가 좋으며 천적류에 영향도 적다. 그러나 대부분의 무농약, 유기재배 사과원에서는 응애가 문제되지 않으므로 기계유유제는 사과혹진딧물 월동알 방제를 위해 이보다 일찍 고농도로 살포한다.

〈천적〉

이리응애류가 발육기간도 짧고 포식량도 많아서 가장 유망한 천적이다. 그 외에 보조천적으로써 마름응애류는 깨알반날개, 애꽃노린재와 무당벌레 등이 있다.

〈그림 9-12〉 천적류 (순서대로 애꽃노린재, 깨알반날개, 긴털이리응애)

[점박이응애]

· **학 명**: *Tetranychus urticae* Koch

· **영 명**: Two-spotted spider mite · **일 명**: ナミハダニ

〈피해증상〉

사과응애와 달리 잎의 뒷면에만 주로 서식하며, 구기를 세포 속에 찔러 넣고 엽록소 등 내용물을 흡즙하므로 앞면에는 피해증상이 잘 나타나지 않는다. 피해증상은 사과응애와 유사하다.

〈형태〉

암컷 성충은 몸길이가 0.4~0.5㎜이고, 여름형은 담황록색 바탕에 몸통 좌우에 뚜렷한 검은점이 있으나, 월동형은 귤색으로 검은점이 없다. 알, 유충, 약충, 성충 형태를 지닌다. 유충은 알보다 약간 크며 처음에는 투명하지만 점차 연녹색으로 변하고 검은점이 생기며 눈은 빨갛고 다리가 3쌍인 것이 특징이다. 제 1, 2약충은 유충보다 몸과 검은점이 점점 커지며 녹색이 진해지고 성충과 같이 다리가 4쌍이다.

〈그림 9-13〉 성충 및 약충, 알 등(좌) 월동 암컷성충(우)

〈발생생태〉

연 8~10세대를 경과하며 교미한 암컷 성충으로 나무줄기의 거친 껍질 틈새나 지면의 잡초 · 낙엽에서 월동한다. 3월 중순경부터 월동 장소에서 이동하기 시작하며, 4~5월에는 지면의 잡초와 사과나무의 수관내부 특히, 주지 등에서 나오는 도장지에 밀도가 높고 점차 수관외부로 분산한다. 잡초에서는 먹이상태가 좋은 5월까지는 증가하지만 6월 이후 감소되고 7월에는 극히 밀도가 낮으며 8월 이후는 사과나무에서 이동한 개체군에 의해 다시 밀도가 증가한다. 사과나무에서는 6월 중순부터 급격히 밀도가 증가하여, 7월에는 피해를 받는 사과원이 나타난다. 8~9월에 최고밀도에 이른다. 9월 하순부터 월동형 성충이 나타나기 시작한다. 월동형 성충의 일부는 수확 전에 과실의 꽃받침 부위로 이동하는데 이는 사과 수출시 제거해야 하는 문제가 발생한다.

〈관리방안〉

월동전후로 기계유유제를 살포하고, 생육기에는 난황유와 같은 유화식용유를 사용하는 유기재배 사과원은 점박이응애가 문제되지 않는다. 그러나 복숭아순나방과 복숭아심식나방 방제를 위하여 4~6월경에 제충국제를 여러 번 살포하는 사과원에서는 점박이응애가 다발생 하는 사례가 있었으므로 주의해야 한다.

〈천적〉

사과응애 천적 참고

[사과혹진딧물]

· **학 명**: *Ovatus malisuctus* (Matsumura)

· **영 명**: Apple leaf-curling aphid　　· **일 명**: リンゴコブアブラムシ

〈피해증상〉

5월부터 가을에 걸쳐서 신초 선단부의 연한 잎을 가해하여 뒤쪽으로 말리게 한다. 5월에 탁엽(托葉) 등을 가해하면 붉은 반점이 생기며 잎이 뒤쪽을 향해 가로로 말리지만, 본엽을 가해하면서부터는 잎가에서 엽맥쪽을 향하여 뒷쪽으로 세로로 말린다. 심하게 피해를 받은 가지는 가늘고 약한 가지들이 많이 나와서 결실가지로 사용하지 못하게 된다.

〈형태〉

날개가 없는 형은 대체로 진한 녹색이거나 갈색이고 날개가 있는 형은 보통 검은 편이다. 어린것은 연록색이 많아서 개체에 따라 변이가 심하며, 몸은 달걀 모양 또는 방추형이고, 알은 광택이 있고 검으며 긴 타원형이다. 몸길이는 날개 있는 성충은 1.5~1.7㎜, 날개 없는 성충은 1.3~1.7㎜정도이다.

〈그림 9-14〉 사과혹진딧물 월동알, 사과혹진딧물 및 피해잎 및 피해과실

〈발생생태〉

겨울에 사과나무의 도장지나 1, 2년생 가지의 눈기부에서 검은색의 방추형 알로 월동한다. 사과나무의 눈이 틀 무렵 4월상순경부터 부화하여 발아하는 눈에 기생한다. 뒤 잎의 전개와

함께 잎 뒷면을 가해하며 곧 간모라는 성충이 되어 이것이 단위생식해 날개 없는 진딧물을 낳는다. 가을까지 새끼를 낳으며 세대를 반복한다. 날개 있는 진딧물은 보통 밀도가 높아져 영양조건이 나빠지면 출현하고 이들은 다른 나무로 분산한다. 10월 중순경 산란형이 나타나 산란성 암컷과 수컷을 낳고 이들이 교미한 뒤 어린가지의 겨울눈 부근에 월동알을 낳는다.

〈관리방안〉

사과 수확후인 11월하순경 월동알을 대상으로 기계유유제를 살포하고, 3월 중하순~4월 상순에 기계유유제를 1~2회를 살포하면 거의 대부분 방제가 가능하다. 그러나 방제가 미흡하면 낙화기 이후 유화식용유나 식물추출물중 진딧물에 효과가 있는 제품을 추가 살포한다. 홍로 품종의 가지에 월동알의 밀도가 높은 경향이므로 후지 품종보다 홍로 품종에서 방제를 철저히 해야 한다. 9~10월이 되어도 신초 신장이 계속되면 다음해 발생이 많게 되므로, 적당한 시비관리로 수세를 안정시키는 것이 다음해 봄철 발생을 적게 한다. 사과혹진딧물 피해를 받은 가지를 6월 중순에서 7월 상순에 걸쳐 기부에서 잎을 4~6매 정도 두고 절단한다. 꽃눈분화가 36~41.4% 정도 되고 가지의 재신장이 5cm 이상이 되어 수세회복과 익년도 결실 안정에 기여한다.

[조팝나무진딧물]

· **학 명**: *Aphis citricola* van der Goot

· **영 명**: Spiraea aphid · **일 명**: ユキヤナギアブラムシ

〈피해증상〉

어린가지에 집단으로 발생하여도 눈에 띄게 사과의 생육에는 별다른 영향을 주지 않는다. 5월 하순에서 6월 중순까지 신초 선단의 어린잎에 다발생하며, 밀도가 급증하면 배설물인 감로가 잎이나 과실을 오염시키고 그을음병균이 되어 검게 더러워진다. 이 진딧물은 다발생하지만 실질적인 피해는 거의 없다.

〈형태〉

날개가 없는 무시충은 1.2~1.8㎜이고, 머리가 거무스름하다. 배는 황록색이고 미편과 미판은 흑색이다. 날개가 있는 유시충은 머리와 가슴이 흑색이고 배는 황록색이다. 뿔관 밑부와 배의 측면은 거무스름하다. 알은 광택이 있고 검다.

〈그림 9-15〉 유시충과 무시충, 신초에 다발생한 진딧물, 과실 그을음

〈발생생태〉

연 10세대 정도 발생한다. 조팝나무의 눈과 사과나무의 도장지나 1, 2년생 가지의 눈기부에서 검은색의 타원형 알로 월동한다. 4월경에 알에서 부화해 나온 간모 개체가 단위생식하여 날개 없는 진딧물의 밀도가 증가하면 5월 상순에 날개가 달린 형태의 진딧물이 발생하여 전체 사과나무로 비산한다. 이들 개체들은 5, 6월에 주로 대발생하며, 특히 5월 중순에서 6월 중순 사이에 발생최성기를 이룬다. 그러나 신초의 발육이 멈추면 자연히 발생밀도가 급격히 감소하여 일부 도장지에서만 생존을 유지한다. 이후 사과나무 2차 신초 신장기에 다시 밀도가 증가하나, 방제를 필요로 하는 밀도로는 증가하지 않는다.

〈관리방안〉

가급적 밀도가 낮아서 신초당 10~30마리 이내일 때에는 더 기다렸다가, 적과 등 작업 개시 전에 급격히 발생할 때만 5월 하순경 진딧물에 효과가 있는 식물추출물을 살포하여 방제한다. 재배기간동안 질소질 비료와 물관리를 통하여 먹이가 되는 신초의 생장을 감소시키고, 안정시키는 것이 무엇보다 중요하다.

〈천적〉

진딧물 천적은 매우 많으며, 특히 중요한 포식성 천적으로는 풀잠자리류, 무당벌레류, 꽃등에, 혹파리류 등이 있으며, 기생성 천적으로는 진디벌 등이 있다.

〈그림 9-16〉 진딧물 천적
(꽃등에 유충, 풀잠자리 유충, 진디벌에 의한 진딧물 머미)

[굴나방류]

가) 사과굴나방

· **학 명**: *Phyllonorycter ringoniella* (Matsumura)

· **영 명**: Apple leafmine · **일 명**: キンモンホソガ

〈피해증상〉

알에서 부화한 유충이 잎의 내부로 잠입해서 무각유충기에는 선상으로 다니며 흡즙하지만, 유각유충기에는 타원형 굴모양으로 식해하여 그 부분의 잎 뒤가 오그라든다. 한 잎에 여러 마리가 가해할 경우 잎이 변형되고 심하면 조기낙엽 되기도 한다.

〈형태〉

성충은 몸이 대체로 은빛을 띠며, 앞날개는 금빛이고 중앙부에 은빛 줄무늬가 선명하며 아주 작다. 성충의 몸길이는 2~2.5㎜이고 날개를 편 길이는 6㎜이며, 노숙유충은 6㎜정도이다. 알은 무색투명하고 둥글며, 평편하다.

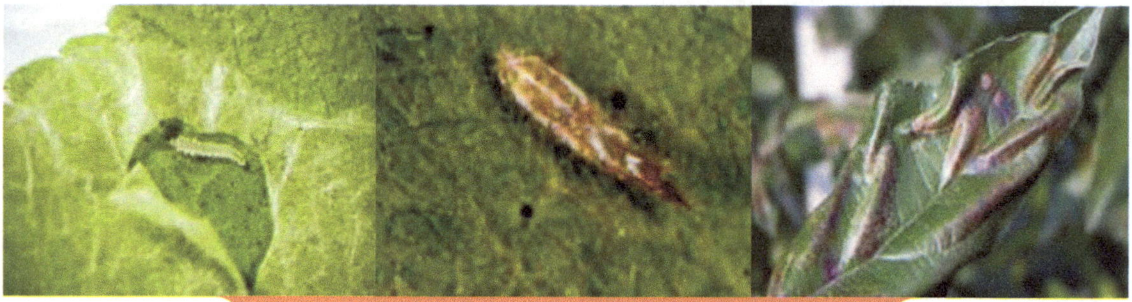

〈그림 9-17〉 사과굴나방 유충, 성충, 피해잎

〈발생생태〉

연 4~5회 발생하고 낙엽된 피해잎 속에서 번데기로 월동한다. 제 1회 성충은 4월 상순~5월 상순에 우화한다. 제 2회 성충은 6월 상중순, 제 3회는 7월중하순, 제 4회는 8월이며 일부 제 5회 성충이 9월에 나오나 제 3회 이후는 세대가 중복되는 경우가 많다. 제 3세대까지는 수관내부나 하부의 성숙된 잎에 피해가 많으나 제 4세대 이후는 2차 신장한 신초나 도장지의 어린잎에 많이 기생하는 경향이다. 월동세대의 유충은 산란시기의 불일치로 각 영기가 혼재되어 있는데 이들 중 낙엽이 되는 11월까지 번데기로 되지 못하는 것은 월동 중에 모두 사망한다.

〈관리방안〉

전년도 가을에 피해가 많았던 경우는 봄에 낙엽을 모아서 소각한다. 제 1세대의 집중 가해처가 되는 주간부의 지면에서 나오는 흡지를 제거한다. 4~5월에는 깡충좀벌 등 유력한 천적의 기생률이 높고 피해가 아주 일부 잎에만 국한되므로 이 시기에는 천적에 의존해서 방제하고, 후기에는 진딧물 등과 같이 유화식용유로 동시 방제한다. 유기재배 사과원에서 대개는 경제적 피해를 야기할 정도로 발생이 문제되지 않지만 일부에서 다발생한 사례가 있었다. 이것은 심식나방류 방제를 위하여 4~6월에 제충국제 등을 여러 번 살포하였기 때문인지, 아니면 석회보르도액 살포가 다발 생을 야기하였는지는 아직까지 확실하지 않다.

〈천적〉

천적에는 깡충좀벌, 좀벌류, 맵시벌류, 고치벌류, 거미류 등이 있다. 특히 기생성 천적인 깡충좀벌이 우점종이었고 좀벌과 고치벌도 많은 경향이다.

〈그림 9-18〉 사과굴나방 천적류(깡충좀벌, 좀벌, 고치벌)

나) 은무늬굴나방

· **학 명**: *Lyonetia prunifoliella* (Hübner)

· **영 명**: Apple lyonetid　　· **일 명**: ギンモンハモグリガ

〈피해증상〉

유충이 신초의 어린잎 만을 주로 가해하여 극심할 경우 새순에 낙엽현상을 초래한다. 피해받은 어린잎은 처음에는 적갈색 선상의 피해가 나타나지만 점차 반점모양으로 불규칙한 원형 또는 얼룩무늬 모양을 이루거나, 잎이 쭈그러들면서 말라 들어간다.

〈형태〉

성충은 몸이 대체로 은빛 광택을 띠며 작고 연약한 나방이다. 성충은 여름형과 가을형으로 체색에 변이가 있지만, 대체로 가을형이 짙게 무늬를 가지고 몸의 크기도 약간 더 크다. 날개 가장자리에 V자형의 뚜렷한 짙은 황갈색의 반문이 있다. 번데기는 거미줄 모양으로 만들어진 흰색의 고치 속에 들어 있다.

〈그림 9-19〉 은무늬굴나방 고치와 가을형 성충, 유충의 초기 피해잎, 후기 피해잎

〈발생생태〉

연 6회 발생하며, 나무의 껍질 틈새, 가지사이, 낙엽 밑, 사과원 주변 건물의 벽면 등에서 주로 암컷 성충으로 월동한다. 가을철 늦게 발생한 개체들은 드물게 번데기 상태로 월동하기도 한다. 월동한 암컷 성충은 4월 하순~5월 상순경에 사과나무의 어린잎 뒷면의 조직 속에 1개씩 점점이 알을 산란한다. 부화한 유충은 잎의 표피 속에서 불규칙하게 넓적한 굴을 뚫는다. 초기에는 줄모양으로 굴을 파면서 가해하다가 점차 넓게 부정형으로 확장한다. 그 이후 약 한 달 간격으로 성충의 발생주기가 계속되지만 때때로 세대가 중첩되어서 발생하는 경우가 많다. 마지막으로 발생하는 제 6회 성충은 9월 하순~11월에 우화하여

주변의 월동처를 찾아서 휴면에 들어간다.

〈관리방안〉

새로 자라는 신초선단의 일부 잎만을 가해하므로 수세를 안정시켜서 신초신장을 일찍 멈추게 하는 것이 가장 중요하다. 8~9월의 후기 피해 방지를 위하여 2차 생장을 적게하며, 도장지와 지제부의 대목에서 나오는 흡지를 제거한다.

[잎말이나방류]

가) 사과애모무늬잎말이나방

· **학 명**: *Adoxophyes Paraorana* (Fischer von Roslerstamm)

〈피해증상〉

봄철 사과나무의 발아기에 눈으로 파먹고 들어가서 가해하고 꽃 및 화총을 뚫어서 식해한다. 여름세대는 신초 선단부 잎을 말고 들어가서 식해하며 과실의 표면을 핥듯이 가해하여 상품성을 떨어뜨린다.

〈형태〉

성충은 길이가 7~9㎜이고, 등황색 원형의 나방으로서 날개를 편 길이는 18~20㎜이다. 앞날개 중앙에 2줄의 선이 외곽의 안쪽으로 평행하여 사선으로 나 있다. 알은 황색이고 무더기로 100여개 정도를 고기비늘 모양으로 낳는다. 유충은 길이가 17㎜정도이고 몸은 황록색이다.

〈그림 9-20〉 사과애모무늬잎말이나방의 알덩어리, 유충, 수컷성충

〈발생생태〉

연간 3~4회 발생하고 유충으로 월동한다. 나무의 조피틈에서 월동한 어린유충이 꽃봉오리가 피기 시작할 무렵에 잠복처에서 나와 눈을 먹어 들어간다. 잎이 피면 잎을 세로로 말고 그 속에서 가해한다. 충의 크기는 작지만 식욕이 왕성하고 과실표면도 얕게 갉아 먹고 상품성을 떨어뜨린다. 제 1세대 성충은 5월 중순~6월 상순에 나타나며, 제 2회 성충은 6월 하순에서 7월 중순경, 제 3회 성충은 8월 상순~8월 하순경에 나타나며, 제 4회 성충은 9월 하순에서 10월 중순에 나타나나 발생밀도는 대체로 낮다.

〈관리방안〉

잎말이나방류의 발생밀도를 낮추기 위해서는 신초의 신장을 일찍 멈추게 하고, 7월 이후 2차 신초 신장이 적도록 적절히 비배관리를 하는 것이 중요하다. 개화기 전후로 꽃봉오리나 잎을 가해하는 애벌레를 손으로 잡아주는 작업을 꾸준히 해야 한다.

나) 사과무늬잎말이나방

· **학 명**: *Archips breviplicanus* (Walsingham)

· **영 명**: Asiatic leaf roller · **일 명**: リンゴモンハマキ

〈피해증상〉

사과애모무늬잎말이나방과 유사하다.

〈형태〉

성충은 앞날개에 암흑색의 선과 무늬가 많으며 암컷은 길이가 10㎜ 정도이다. 날개를 편 길이는 28㎜ 정도이며 앞날개의 양쪽 끝이 뾰족하고 앉아 있으면 종 모양이 된다. 알은

〈그림 9-21〉 사과무늬잎말이나방의 알덩어리알덩어리, 유충, 수컷성충

납작하고 담록색 내지 녹색으로서, 고기비늘 모양으로 무더기로 낳는다. 유충은 22~26㎜ 정도 크기로 머리는 갈색이고 몸은 담황색~담록색이다.

〈발생생태〉

일 년에 2~3회 발생하나 대부분은 3회 발생한다. 어린유충으로 거친 껍질밑, 분지부 등에서 엉성한 고치를 짓고 월동한다. 월동 후 발아하는 눈이나 꽃 등을 식해 한다. 제 1회 성충은 5월 중순~6월 중순에 나타나며, 제 2회 성충은 7월 상순~7월 하순, 제 3회 성충은 8월 하순에서 10월 중순까지 발생한다.

〈관리방안〉

사과애모무늬잎말이나방 참고

[복숭아순나방]

- **학 명**: *Grapholita molesta* (Busk)
- **영 명**: Oriental fruit moth　　· **일 명**: ナシヒメシンクイガ

〈피해증상〉

유충이 신초의 선단부를 먹어 들어가 피해 받은 신초는 선단부의 신초가 꺾여 말라 죽으며 진과 똥을 배출한다. 신초뿐만 아니라 과실도 식입하며, 어린과실의 경우는 보통 꽃받침부분으로 침입하여 과심부를 식해한다. 다 큰 과실에서는 꽃받침 또는 과경 부근으로 식입하여 과피 바로 아래의 과육을 식해하는 경우가 많고, 겉에 똥을 배출하는 점에서 복숭아심식나방과 구별할 수 있다.

〈그림 9-22〉 복숭아순나방의 신초피해, 초기 과실피해, 후기 과실피해

〈형태〉

성충의 머리는 암회색이고, 가슴은 암색이며 배는 암회색이다. 성충 수컷의 길이가 6~7㎜이고 알은 납작한 원형으로 산란초기는 유백색이고 점차 홍색이 된다. 부화한 어린 유충은 유백색이고, 노숙유충은 황색이며 몸 주변은 암갈색 얼룩무늬가 일렬로 나 있다. 번데기는 적갈색이고, 배 끝에 7~8개의 가시털이 나 있다.

〈발생생태〉

연 4~5회 발생하며 노숙유충으로 조피 틈이나 남아있는 봉지 등에 고치를 짓고 월동하며, 봄에 번데기로 된다. 제 1회 성충은 4월 중순~5월에 나타나며, 제 2회는 6월 중하순, 제 3회는 7월 하순~8월 상순, 제 4회는 8월 하순~9월 상순에 다발생한다. 일부는 9월 중순경에 제 5회 성충이 나타나지만 7월 이후는 세대가 중복되어 구분이 곤란하다. 월동세대의 유충은 주로 사과와 배 등의 과실을 9월~10월까지 가해하고 과실에서 나와 적당한 월동장소로 이동하여 고치를 짓는다.

〈관리방안〉

매년 피해가 많은 사과원은 봄철 나무줄기의 거친 껍질 틈에서 월동하는 유충을 제거하거나, 봄에 피해신초를 초기에 잘라서 유충을 죽인다. 복숭아순나방 월동성충 발생초인 4월 상순경 교미교란제를 설치하여 복숭아심식나방과 동시 방제한다. 교미교란제와 함께 발생예찰용 성페로몬트랩을 설치하여 성충이 유살되거나, 피해과실이 있을 경우 제거하고, 봉지씌우기나 미생물농약(비티제 등)으로 보완방제 한다. 이 해충은 사과 외에도 배, 복숭아, 자두, 살구 등에도 많이 가해하므로 이들이 근처에 관리가 소홀한 채로 있으면 성충이 비래하여 문제가 될 수 있기 때문에 방제에 유의해야 한다.

[복숭아심식나방]

· **학　명**: *Carposina sasakii* Matsumura

· **영　명**: Peach fruit moth　　· **일　명**: モモシンクイガ

〈피해증상〉

부화한 유충이 뚫고 들어간 과실의 피해 구멍은 바늘로 찌른 정도로 작으며 약간 부풀게 된다. 거기서 즙액이 나와 이슬방울처럼 맺혔다가 시간이 지나면 말라붙어 흰가루 같이 보인다. 피해는 2가지 형태로 구분할 수 있다. 첫째, 과육 안으로 파고들어가서 먹는 유충은 과심부까지 들어가 종자부를 먹고 그 주위 내부까지 피해를 준다. 둘째는 과피 부분의 비교적 얕은 부분을 먹고 다니므로 그 흔적이 선상으로 착색이 되고 약간 기형과로 되며, 점차로 과심부까지 도달하는 경우가 있다. 노숙유충이 되면 겉에 1~2㎜의 구멍을 내고 나오며 이때 겉으로 똥을 배출하지 않는다.

〈형태〉

성충은 회황색 또는 암갈색이며, 앞 가장자리에 구름모양의 남흑갈색 무늬와 중앙보다 약간 아래에 광택 나는 삼각형 무늬가 있다. 몸길이는 7~8㎜이고, 알은 빨갛고 납작하면서 둥글다. 유충은 과실 속에 있을 때는 황백색이나, 자라서 탈출할 때는 빨간색이 많아진다. 번데기는 방추형의 고치 속에 들어 있는데 길이가 8㎜정도이고 처음에는 옅은 황색이지만 점차 검은색이 짙어진다.

〈그림 9-23〉 복숭아심식나방의 초기 과실피해 및 성충

〈발생생태〉

대부분은 연 2회 발생하나 일부는 1회 또는 3회 발생하는 등 일정하지 않다. 노숙유충으로 땅 속 2~4㎝에서 편원형의 단단한 겨울고치를 짓고 그 속에서 월동한다. 5~7월에 겨울고치에서 나온 유충은 방추형의 엉성한 여름고치를 짓고 번데기로 된다. 제 1회 성충은 빠른 것은 6월 상순에서 늦은 것은 8월 상순까지 발생한다. 제 2회 성충은 7월 하순~9월 상순에 발생하며, 발생최성기는 8월 중하순경이다. 극히 일부가 제 3회 성충으로 8월 말~9월 중순에 발생한다. 따라서 대부분은 10월 중순 이전에 과실에서 나와 지면에 떨어져 겨울고치를 만들고 월동에 들어간다

〈관리방안〉

사과원 근처에 관리 소홀원이 있으면 발생이 많으므로 주의한다. 관리방안은 복숭아순나방과 동일하지만, 월동장소가 토양속으로 줄기의 거친 껍질 틈에서 월동하는 복숭아순나방과는 다르므로 휴면기 중에 월동유충의 방제나 월동충의 유살 등이 불가능하다. 대부분의 유기재배 사과원에서 교미교란제를 사용하여 방제를 한다. 주기적으로 관찰하여 피해과실은 보이는 대로 따서 물에 담가 과실속의 유충을 죽인다. 수출을 위한 재배농가에서는 6월 상순 이전에 봉지씌우기를 하여 사전에 예방한다. 10월 중순 이전에 사과를 수확하면 일부는 유충이 계속 사과 속에 살아남아 있는 경우도 있으므로 최종 수확 시 피해과실을 철저히 선별하여 제거해야만 한다.

[노린재류]

가) 애무늬고리장님노린재

· **학 명**: *Apolygus spinolae* (Mey−Dür)

· **영 명**: Pale green plant bug

〈피해증상〉

발아직후의 눈에 유충이 기생하여 흡즙하며, 어린잎에 흑갈색의 반점을 남긴다. 피해를 받은 잎은 자라면서 여러 개의 구멍이 부정형으로 뚫리며, 어린과일을 가해하여 검은색 반점을 남기고 과일이 자라면서 표면이 거칠어진다.

〈형태〉

성충은 4~6㎜이고 타원형이며 담녹색이다. 등쪽 날개부분에 노린재의 특징인 X자형 무늬가 있고 끝 쪽에 막질의 날개가 나와 있다.

〈그림 9-24〉 애무늬고리장님노린재의 성충, 피해신초, 피해과실

〈발생생태〉

발아직후의 눈에 유충이 기생하여 흡즙하며, 어린잎에 흑갈색의 반점을 남긴다. 피해를 받은 잎은 자라면서 여러 개의 구멍이 부정형으로 뚫리며, 어린과일을 가해하여 검은색 반점을 남기고 과일이 자라면서 표면이 거칠어진다.

1년에 1회 발생하며 4월 상순경에 부화하며 부화 약충은 신초의 선단부를 가해하다가 5월 하순~6월 상순경 1세대 성충이 되어 가지나 감자 등으로 이동하므로 그 이후에는 해충을 발견하기 어렵다.

〈관리방안〉

개화기 전후로 사과나무 밑이나 주변에 잡초를 짧게 예초하고, 신초나 과실 가해 여부를 관찰하면서 발견 시는 포살하는 것이 좋다. 주변에 포도나무나 감나무가 있으면 발생이 많은 경향이다.

나) 과실가해노린재류

(1) 썩덩나무노린재

· **학 명**: *Halyomorpha halys* (Stal)

· **영 명**: Yellow–brown stink–bug · **일 명**: クサギカメムシ

(2) 갈색날개노린재

· **학 명**: *Plautia stali* Scott

· **영 명**: Brown–winged green bug · **일 명**: チャバネアオカメムシ

〈그림 9-25〉 썩덩나무노린재, 갈색날개노린재, 노린재 피해과

〈피해증상〉

사과원에서 피해를 주는 노린재는 썩덩나무노린재, 갈색날개노린재, 톱다리개미허리노린재, 풀색노린재, 알락수염노린재 등이다. 과실 겉면에 코르크 스폿(Cork spot), 고두병과 같이 약간 움푹 들어가는 피해증상을 나타낸다. 노린재에 의한 과실피해는 노린재 성충이 과실에 앉아서 구침을 찔러 가해하므로 과실 윗부분이나 옆면에 주로 나타나고 과육이 코르크화되며, 가운데 피해부에 구침으로 찌른 흔적을 찾을 수 있다.

〈관리방안〉

7~8월에 노린재가 가해할 경우 과실 피해가 가장 심하므로, 문제되는 사과원은 이 시기에 중점적으로 방제한다. 주변의 잡초, 식생 등은 가능한 정리하고, 발견 시 조기에 포살하는 것이 좋다. 최근 썩덩나무노린재와 갈색날개노린재의 집합페로몬트랩이 개발되어 시판을 하므로 발생예찰용으로 1~2개 설치하고, 필요시 방제 목적으로 여러 개를 사용할 지는 전문가에게 문의한다. 대개의 노린재류가 사과원에서 생활사를 이어가는 것이 아니라 주변 식생에서 비래한다. 따라서 트랩을 사과원 안에 설치하지 말고 사과원 주변의 울타리나 밖에 있는 나무에 설치한다.

[나무좀류]

가) 오리나무좀

· **학 명**: *Xylosandrus germanus* (Blandford)

· **영 명**: Alnus ambrosia beetle

나) 사과둥근나무좀

· **학 명**: *Xyleborus apicalis* (Blandford)

· **영 명**: Apple round bark beetle

다) 암브로시아나무좀

· **학 명**: *Xyleborinus saxeseni* (Ratzeburg)

· **영 명**: fruit-tree pinhole obrer

〈피해증상〉

사과나무 유목이 나무좀에 의해 가지가 시들거나 고사하는 피해 사례가 급속히 늘어가고 있다. 암컷이 큰 나무의 줄기나 어린나무의 주간부에 직경 1~2㎜의 구멍을 뚫고 들어간다. 성충의 침입을 받은 가지의 잎이 시들고 나무의 수세가 급격히 쇠약해지며 심하면 고사한다. 침입구멍으로 하얀 가루를 내보내고 성충과 유충이 목질부를 식해 할 뿐 아니라 유충의 먹이가 되는 공생균(암브로시아균)을 자라게 한다. 이 균에 의해서 목질부가 부패되어 수세가 더욱 쇠약해져 고사를 촉진하게 된다. 유목의 경우 재식 1년차는 거의 피해를 받지 않지만, 재식 2년차 봄에 가장 심하게 피해를 받는다. 이후도 수세가 약할 경우 지속적으로 피해를 받을 수 있다.

〈형태〉

사과나무를 가해하는 나무좀은 오리나무좀, 사과둥근나무좀, 암브로시아나무좀, 붉은목나무좀 등 4종이었다. 암브로시아나무좀이 52.5%로 우점종이었고, 오리나무좀이 40.4% 이었다. 성충의 크기는 사과둥근나무좀 3~4㎜, 붉은목나무좀이 2~3㎜, 오리나무좀 2~3㎜, 암브로시아나무좀이 2㎜ 내외이다.

〈그림 9-26〉 나무좀류(좌측부터 암브로시아나무좀, 오리나무좀, 붉은목나무좀, 사과둥근나무좀), 피해주

〈발생생태〉

피해 줄기속에서 알 → 유충 → 번데기 → 성충(날개존재)으로 되는데 약 1~2개월이 걸린다. 연 2회 발생하고 제 1세대 성충은 6~8월, 제 2세대는 9~10월에 나타난다. 대부분 암컷이 되며 수컷은 잘 날지 못해 암컷만 이동한다. 나무로 침입하는 시기는 월동 성충은 사과나무 발아기부터 4월 중하순, 제 1세대 성충은 7~8월이며, 무리를 지어 모여든다. 유목의 경우 초봄에 집중 침입을 받는다. 알을 갱도 내에 무더기로 낳으며, 월동은 제 2세대 성충이 피해나무의 갱도 속에서 무리지어 월동한다.

〈관리방안〉

나무좀은 2차 가해성 해충이다. 건전한 나무는 가해하지 않고, 수세가 약한 나무를 집중 가해하므로 비배 및 토양관리와 수분관리 등을 철저히 해야 한다. 특히, M.9 등 왜성 사과나무를 심은 사과원은 시비와 관수를 철저히 하여 사과나무가 스트레스를 받지 않도록 한다. 겨울철 동해 피해(동고병)나 수분스트레스 또는 일소피해 등으로 줄기가 역병에 감염되거나 스트레스를 받은 나무를 집중 가해한다. 폐원상태로 방치된 사과원의 조기 정비와, 주변에 쌓아 놓은 전정가지 또는 산지의 나무좀 피해주를 적기에 소각 또는 분쇄해야 한다. 피해가 심하여 회복이 불가능한 나무는 조기에 뽑아서 태워버리는 것이 좋다. 2년차부터 유목기의 왜성대목 사과나무에 피해가 우려되면 유기재배에 허용된 끈끈이나 도포제를 사용하여 방제한다.

[하늘소류]

가) 뽕나무하늘소

· **학 명**: *Apriona germari* (Hope)

· **영 명**: Mulberry longicorn · **일 명**: ゴマダラカミキリ

나) 알락하늘소

· **학 명**: *Anoplophora malasiaca* (Thompson)

· **영 명**: Mulberry white-spotted longicorn · **일 명**: クワカミキリ

〈그림 9-27〉 뽕나무하늘소와 알락하늘소, 하늘소 피해줄기

〈피해증상〉

하늘소류는 주간이나 줄기 속으로 뚫고 들어가 중심부를 따라 가해하는 해충이다. 성충이 가지에 이빨로 상처를 내고 산란하며, 부화한 어린벌레는 껍질 밑의 형성층을 식해 한다. 어린벌레가 자라면서 목질부에 터널을 만들어 가해하고 약 10~30㎝ 간격으로 겉에 구멍을 내고 그곳으로 가해한 톱밥 같은 찌꺼기와 벌레 똥을 배출한다. 피해를 받은 나무는 수세가 현저히 약해지며 심하면 나무 전체가 고사한다. 산지에 인접한 사과원이나 관리가 소홀한 사과원에서 발생이 많다. 뽕나무하늘소와 알락하늘소가 피해를 주는 우점종이다.

〈발생생태〉

뽕나무하늘소는 7~9월에 성충이 되어 2~3년생 가지를 물어뜯어 상처를 내고 산란한다. 어린벌레로 겨울을 나며, 2년에 1회 발생한다. 산란 당년은 산란부위 근처에서 아주 작은 유충으로 월동하고 2년째는 줄기속에서 큰 유충으로 월동한다. 알락하늘소는 6~8월에 성충이 되며, 유충으로 월동하고, 년 1회 발생하는데, 일부 개체는 2년에 1회 발생하기도 한다.

〈관리방안〉

하늘소류의 피해가 우려되는 사과원은 매년 9월부터 전정 기간 중에 산란부위를 찾아 제거하는 것이 효과적이다. 또한 봄철부터 주기적으로 관찰하여 주간부에 피해가 나타나면 철사 등으로 포살해야 한다.

[사과유리나방]

· **학 명:** *Synanthedon hitangvora* Yang
· **영 명:** Apple clearwing moth

〈피해증상〉

사과나무 지제부 나무줄기의 형성층을 유충이 가해하여 수세를 약화시키고, 피해가 심한 경우 나무를 고사시킨다.

〈발생생태〉

사과유리나방은 유충으로 월동하고, 나무의 주간부에서 82%, 주지에서 18%가 월동한다.

성충의 발생시기는 5월부터 9월까지 지속적으로 발생한다. 수원지방의 경우 성충의 발생최성기는 1세대 6월 중순, 2세대 8월 중순경이고 알기간이 10여일이다.

〈관리방안〉

월동기간 중 주간에서 가해를 하는 월동 유충을 포살하는 것이 효과적이다. 일부 다발생하는 유기재배 사과원에서는 생육기간 중에도 지속적으로 가해하는 부위를 찾아서 유충을 잡아주는 노력을 해야 한다. 발생예찰용 성페로몬트랩이 시판되므로 발생이 의심되는 사과원에 설치하여 발생여부와 발생량을 조사하는 것이 좋다.

〈그림 9-28〉 사과유리나방의 유충과 성충

[사과면충]

· **학 명**: *Eriosoma lanigerum* (Hausmann)
· **영 명**: Woolly apple aphid · **일 명**: リンゴワタムシ

〈형태〉

무시충(날개 없는 성충)은 길이가 2.1㎜ 정도이고, 온 몸이 백색의 솜털로 덮여있다. 머리는 짙은 녹색이고, 더듬이는 회색이다. 겹눈은 검은색, 다리는 황갈색이며, 배는 적갈색이다. 유시충(날개가 있는 성충)은 길이가 2.3㎜ 정도이고, 날개를 편 길이가 6.3㎜ 정도이다. 머리는 흑갈색~흑색이며 겹눈도 흑색이고, 더듬이는 흑자색이며 2쌍의 투명한 날개가 있다.

〈그림 9-29〉 무시충과 유시충, 기생당한 사과면충 머미

〈피해증상〉

낙화 10일경부터 신초기부, 작은 가지의 분지부, 줄기의 갈라진 틈, 가지의 절단부, 지표면 가까운 뿌리 등에서 흰색의 솜을 감고 빽빽이 집단으로 가해한다. 가해부위의 즙액을 흡즙하여, 흡즙부위에는 작은 혹이 많이 발생하여 부풀어 올라있다. 신초기부에 피해를 받으면 가지가 크게 자라지 못하게 되고, 연속하여 몇 년 기생하게 되면 그 피해는 더욱더 심하게 된다.

〈발생생태〉

유충태로 줄기의 갈라진 틈, 전정 절단부위, 지표면과 가까운 뿌리, 여름철 가해로 생긴 혹의 틈 등에서 월동한다. 4월 말경부터 활동하며, 5월 중순경에는 성충으로 되어 다음 세대 새끼를 낳는다. 그 후 가해부위에서 계속 번식하며 증가한다. 1년에 10회 정도 발생하지만, 대체로 6~7월부터 9월에 발생이 많다. 발생밀도가 증가하면 날개 있는 암컷이 생겨 이동 · 전파한다. 주로 전정이 불량하고 가지가 혼잡한 곳에 발생이 많다. 또 살충제를 많이 살포하여 천적인 면충좀벌이 없어지면 발생이 많아진다.

〈관리방안〉

사과면충이 다발생할 우려가 있는 사과원은 봄철 지제부에 있는 흡지를 조기에 제거하고, 전정 절단부위는 상처가 잘 아물도록 먹물 등을 발라준다. 또한 피해주수가 많지 않은 경우에 접목부 윗부분부터 주간부만 끈끈이트랩을 설치하여 지하부에 있는 사과면충이 지상부로 이동하여 증식하고 가해하는 것을 막는 것도 하나의 방법이다. 사과면충이 다발생하는 유기재배 사과원은 3월경 석회유황합제와 기계유유제를 혼용하여 지제부 흡지주위에 처리하기도 한다.

〈천적〉

이 해충은 북미가 원산지이며 일본을 거쳐 우리나라에 들어와 1920년대 대구지방에 대발생하여 크게 문제가 되었다. 이를 방제하기 위하여 면충좀벌을 수입하여 정착시킴으로써 생물적 방제가 성공을 거두었다. 면충좀벌에 의해 기생된 사과면충은 검게 되어 나무에 남아있고, 기생자가 탈출한 구멍의 흔적이 남아있다. 면충좀벌은 특별히 방사할 필요는 없으며, 현재는 사과재배지대 도처에 살고 있다.

라. 병해 방제용 농자재

유기재배 과원의 병 방제는 적절한 부지, 품종 및 대목을 선택하는 것에서 시작된다. 유기재배 과원에서 사용 가능한 효과적인 농자재는 제한되어 있고 가해하는 병은 아주 많으므로, 병 저항성 품종을 재식하는 것이 가장 중요한 병 방제 실천이며 병 관리에 근간이 된다. 병 저항성 품종을 사용해도 몇 가지 병 방제를 위한 일부 농자재를 처리할 필요가 있다. 대부분의 병 저항성 품종은 주로 검은별무늬병이고 다음은 화상병, 붉은별무늬병, 흰가루병 저항성이다. 그러나 우리나라에 문제되는 갈색무늬병, 탄저병 등에 저항성 품종은 거의 알려진 바가 없다.

우리나라와 같이 생육기 특히 장마기가 있는 재배 지역에서는 개화전부터 병해 방제용 농자재를 처리할 필요가 있다. 물론 장마기 이후 문제되는 병 방제를 위해서는 추가적인 농자재가 필요하다.
특히 비가 계속되는 기간에는 매 5~14일 마다 더욱 자주 농자재 처리가 필요하다. 사과원에서 가장 많이 처리하는 농자재는 유황, 석회유황합제, 석회보르도액, 구리(동) 제품들이다. 이들 무기 농자재들은 오래전부터 사용되어왔고, 일부는 몇 세기동안 사용되고 있다. 유황은 세계적으로 가장 많이 사용되는 농자재의 하나이다. 최근에 유기재배에 관심이 새롭게 나타나면서 이들의 사용이 유기재배 사과원에서 보다 보완 또는 개선되고 있다.

이들 농자재를 사용하기에 앞서 병을 일으키는 감염원을 감소시키는 것이 더욱 중요하다. 햇빛이 잘 들어가고 통기를 좋게 하는 수형 관리작업도 사과의 여름에 문제되는 병의 감염원을 감소시킨다.

그리고 물론, 병 저항성 품종의 재식이 가장 좋은 방어선이다. 사용하는 농자재들은 현재 농촌진흥청의 유기농업자재로 등록된 것이어야 한다. 이들 농자재 등록 상태는 항상 바뀔 수 있다. 농촌진흥청 농업정보사이트인 농사로홈페이지(http://www.nongsaro.go.kr :친환경유기농업 〉 유기농업자재)에서 검색할 수 있다. 새로운 농자재를 사용하기 전에 언제나 인증기관에게 검토를 맡아야 한다.

[석회보르도액(BORDEAUX MIXTURE)]

보드로액은 1800년대 말부터 프랑스 포도원에서 흰가루병에 사용하면서 개발되었다. 황산구리(청석), 생석회 그리고 물의 혼합제인데 사과, 배, 핵과류의 세균성 및 곰팡이 병에 사용한다. 보르도액은 병원균의 효소 기능을 방해하므로서 병원균 생장을 예방한다. 보호 살균제로 작용하고 침투성 작용이 없으므로, 병이 감염되기 이전에 처리되어야 한다. 보르도액은 미리 만들어진 것을 구입할 수 있으나, 사용 직전에 만들어 사용하는 것이 더 효과적이다. 보르도액 농도는 두 개의 숫자로 표시한다(예, 4-12식) 첫 자는 물 100㎖당 황산구리의 g수이고, 둘째는 물 100㎖당 석회의 g수이다. 석회는 황산구리만 있을 때에 비하여 구리 성분을 보다 균일하고 안정된 상태로 만들어 약해를 감소시키고 다음 처리시까지 유지를 증진한다. 보르도액의 추천농도는 작물, 처리시기 및 날씨 조건에 따라 다르다.

보르도액은 사과의 갈색무늬병에 특효약이라고 할 정도로 효과가 좋으며, 기타 주요 병해에도 효과가 있으나, 탄저병에는 다소 효과가 낮은 것으로 알려져 있다. 어린 과실의 동녹과 엽소 같은 약해 증상 때문에 사과의 1/4인치 전엽기에 사용하는데 안전하지 않다. 단단한 화총기에 앞서 비가 충분치 않은 경우에 구리 잔류물이 화기 부분에 재분포 하게 되면 동녹을 일으키게 되므로 1/4인치 전엽기 전에 처리된 경우라도 동녹을 유발할 수 있다. 처리 직후에 고온과 강우가 있다면 1/4인치 전엽기 이후에 처리하더라도 약해를 유발할 수 있다.

보르도액은 장기간 식물체에 잔류작용을 하여 수확 후 핵과류(체리)에 처리하여도 다음해 잎의 세균성 병해에 좋은 방제 효과를 줄 수 있다고 한다. 석회성분이 포함되어 있어서, 보르도액은 pH가 높기 때문에 알칼리 가수분해에 의해서 분해될 수 있는 다른 물질과 혼용할 경우에 문제를 일으킬 수 있다. 다른 농약과 혼용할 때에는 보르도액과의 혼용과 관련된 주의사항을 철저히 파악해야 한다.

[구리제(FIXED COPPER)]

구리 제품은 보르도액에 비하여 어느 정도 약해를 적게 일으키므로 과수에 보다 안전하게 사용하는데, 다음 몇 가지 제형이 있다.
1) 황산구리를 갖는 산화구리, 2) 수산화구리, 3) 황산동기의 복합 제형, 4) 구리 분말제형. 이들 제형의 작용과 약해 가능성은 실제 구리의 주성분 함량, 작물에 처리량과 시기, 식물과 병원균의 생육태 및 처리 후의 기상조건에 따라 다르다. 구리 성분은 세균과 곰팡이 세포와 접촉한 후에 효소 작용을 방해하여서 효과를 나타낸다. 식물체 표면에서 일단 건조되면 구리는 누적강수량이 30mm 이상이 와서 완전히 씻겨 나가지 않는 한 비에 의해서 지속적으로 재활성화 된다.

구리는 예방적 또는 보호적 작용만을 가지므로 감염되기 전에 처리해야 한다. 구리제품은 제초제로 사용할 수 없고, 토양에 최소한으로 축적되도록 사용해야만 한다. 일부 구리제품은 제품 속에 함유된 성분들의 문제로 등록이 안 될 수 있으므로 사용 전에 이를 반드시 점검해 보아야 한다.

1/4인치 녹색기 처리는 세균성 병해(화상병) 감염을 줄이지만 최근에 화상병에 감염되었다면 다른 방제도 추가해야 한다. 구리는 화상병을 일으키는 세균을 완벽하게 억제하지는 못하나, 식물체 표면에서 세균 생장에 불리한 조건을 조성한다. 1/2인치 녹색기부터 개화기에 처리된 구리제품은 과실 동녹을 유발할 수 있고, 낙화기부터 7월 상순까지 처리된 구리제품은 과실의 과점에 흑변을 야기할 수 있다.

구리 성분은 7월 중순부터 9월에 문제되는 여름철 썩음병(예: 겹무늬썩음병, 탄저병)에도 방제효과가 있으나, 이 기간 중 살포시 약해 문제로 일부 제품만 사용 가능하다. 낙화후기에 구리와 오일을 각각 몇 주 이내에 처리하면 심한 약해가 유발될 수 있다. 녹황색 사과 품종이 적색계 품종보다 여름철 구리제품 살포시 표면 탈색에 취약하다. 수산화구리 살포 용액은 약해를 최소화하기 위해서 pH가 6.0을 넘어야 한다.

구리 성분은 식물과 동물의 필수영양 성분이지만, 농도가 높으면 식물, 동물, 다른 유기체에 독이 된다. 구리에 급성노출은 사람의 피부, 눈, 비강(콧속)에 화상을 야기하고 구토를 유발한다. 수산화구리는 황산구리와 보르도액 보다 급성독성이 덜하다. 시간이 지나면,

사람에 생물농축이 되어 뇌, 심장, 혈액, 간, 신장, 위, 내부기관 및 생식기관에 신경성 만성질환을 야기할 수 있다. 구리는 새, 물고기, 꿀벌에도 해롭다. 구리 잔류물은 토양에 축적되어 지렁이, 질소고정세균, 미생물 방제제 등에도 해가 된다.

토양내에서, 구리는 유기물, 점토 및 광물질의 표면에 고정(흡착)된다. 흡착 정도는 토양 pH에 따라 다른데, 알칼리성이 높은 토양일수록 구리 이용률이 낮아진다. 황산구리는 물에 아주 잘 녹아서 토양내에서 보다 이동가능한 중금속의 하나로 여겨진다. 그러나 그의 고정 능력 때문에 용탈 정도가 모래땅이라도 아주 낮다. 구리는 낮은 수준이기는 하지만 모든 토양에 원래부터 존재하지만, 반복적으로 구리 제품을 처리하면 심각한 토양 오염문제를 야기할 수 있다.
농과원(영농활용 2012년)에서 조사한 석회보르도액을 살포하는 친환경인증 사과원 토양의 평균 구리함량은 토양오염우려기준(150 mg/kg)의 70% 미만이고 사과 섭취에 따른 구리의 유해영향은 미약하였으며, 석회보르도액으로 인한 구리 투입량과 토양 중 구리 함량 간에 유의성 있는 관계가 있었다. 조사농가 대부분에서 IFOAM(국제유기농운동연맹)의 유기농경지 구리 최대 투입량 기준(8kg/ha, yr)을 크게 초과하고 있으므로 토양생물에 대한 영향과 토양비옥도를 고려할 때 장기적인 관점에서 석회보르도액 살포 횟수와 살포량을 줄여나가는 것이 바람직 하다. 또한 유기재배 인증기관은 농민들이 기본적인 토양내 구리 수준을 알고, 지속적으로 변화하는 것을 정기 검사를 하도록 요구한다.

[석회유황합제(LIME SULFUR, LIQUID LIME SULFUR (LLS))]

석회유황은 1800년대 포도원에서 흰가루병 방제에 최초로 사용 되었다. 이는 수산화칼슘의 끓는 물 걸쭉한 용액(슬러리)에 황 원소를 첨가해서 만든 황화칼슘 혼합제이다. 과원에 처리시 활성성분인 황화수소가 처리 1주일 이상 불쾌한 썩은 달걀 냄새를 나게 한다. 황화수소에 따른 알칼리도와 염도에 따라 석회유황은 황 원소 보다 공격적이고 약해를 유발하기 쉽다. 그러나 수산화칼슘 성분이 반복적인 유황 처리에 의한 토양 산성화를 경감 시킨다.
액체석회유황(LLS)은 감염이 일어난 후 병이 정지되도록 하는 것을 의미하는 '정지(kick back)'작용이 72시간 정도 있다. 정지작용은 흑성병과 같이 초기 문제되는 병을 방제할 보호작용제인 유황 처리를 하지 못했을 때에 부분적으로 사용될 수 있다. 액체석회유황은 검은별무늬병, 흰가루병, 그을음(점무늬)병 등에 효과가 있다. 액체석회유황 처리는 여름철 탄저병, 겹무늬썩음병에 대해서 효과가 제한적이다.
액체석회유황을 반복적으로 처리하면 특히 고온조건(26℃이상)에서 과실동녹과 수량감소를 초래할 수도 있다. 액체석회유황은 오일류 처리 14일 이내 처리시에 부분적으로 약해가 나타난다. 그러나 오일류와 함께 액체석회유황은 유기재배에서 화학적인 적화를 하는 보편화된 방법이다(결실관리 참조). 액체석회유황은 다른 농약들 특히 오일류나 유제와 혼용이 안된다. 피부, 호흡, 눈 등에 자극제이나 적절히 취급하면 만성독성은 거의 문제되지 않는다.

[유황(SULFUR)]

유황은 최소 2000년 동안 살균제로 사용되어 오고 있으나, 유황 가루는 1800년대 말에 최초 농업용으로 만들어졌다. 유황은 화산암, 지하침전물, 천연가스 정제공장 또는 원유 증류로부터 얻어진다. 오늘날은 후자 두 가지 방법이 유황의 일반적 공급방식이다. 유황은 비침투성이며 보호적 살균제이다. 감염기간으로 예측될 때에 보호 또는 예방 목적으로만 사용할 때 효과적이다. 또한 2차적으로는 응애방제 (응애 억제) 작용도 있다. 유황은 곰팡이 세포의 호흡을 방해하고, 단백질 합성을 억제하며, 중금속과 킬레이트 결합에 의해서 독성을 가진다.

현재 유황 제품은 분제, 수화제, 액상수화제, 액제 등이 있다. 유황 입제는 블루베리나 다른 작물에서 토양산도를 낮추는데 사용할 수 있다. 다른 유황제형은 엽면살포제로 사용될 수 있다. 수화유황은 불용성 입자를 물에 유화되게 하여 살포 중 입자가 물에 섞여 있도록 하는 습윤제를 포함하고 있다. 건조분말과 액상유황제형은 분말함량을 더욱 낮게 해서 낮은 농도에서도 효과가 있고 잎에 부착을 보다 좋게 한다.
미세유황은 입자의 크기가 1~6㎛이며 95%이상이 직경 2~3㎛이다. 이렇게 입자들이 작아지면 유황의 약해를 경감하고 잔류효과를 길게 한다. 또한 식물체 표면과의 접촉면적과 부착을 증가시킨다. 그러나 입자가 작은 재료일수록 식물체에 과도하게 처리되어 강우조건에서 약해가 더 많아질 수 있다. 미세제품은 효과는 떨어뜨리지 않으면서 황 함량을 낮출 수 있다. 수화제와 액상수화제(가루와 액체) 제품은 미세유황을 함유한 것들이다. 미세유황수화제는 과수류 생산에 가장 많이 사용된다.

가장 효과적인 미세유황제품은 그들이 물에 씻겨나가는 것을 방지하기 위하여 벤토나이트점토나 다른 입자체들과 섞어서 만든다. 상표나 제형에 따라서 유황제품은 유황 함유량이 최고 95%까지 있다. 그러나 벤토나이트점토와 섞이면 유황 함유량이 30% 또는 80~85% 정도이다.

과수 유기재배에서 유황은 검은별무늬병과 흰가루병에 주로 사용된다. 붉은별무늬병류에는 거의 방제효과가 없고, 여름철 탄저병과 겹무늬썩음병에도 방제효과가 낮다. 유황은 핵과류에서 흰가루병, 잎반점병, 잿빛곰팡이병 등에 사용될 수 있다. 개화기간 중에도 농도를 낮추지 않고 사용할 수 있다. 유황을 고온기간(26℃이상) 특히 낙화 후 살포하면 과실동녹과 수량감소를 야기할 수 있다. 오일 처리 14일 이내 유황을 처리하면 부분적인 약해가 나온다. 유황은 피부, 호흡, 눈에 자극제이지만 적절하게 취급하면 만성독성은 거의 문제없다. 최근 유황을 살포한 과원은 몇 주 동안 특유의 유황냄새가 나는데, 과원을 출입하는 사람들의 옷에도 냄새가 벨 수 있다. 잎 위의 유황 잔류는 작업자들이 과원에 들어가기 전에 비가 와서 씻겨나가지 않으면 손적과, 여름전정 또는 수확하는 작업자들에게 심각한 눈 자극을 줄 수 있다.

[중탄산칼륨와 중화산나트륨(POTASSIUM BICARBONATE (AND SODIUM BICARBON ATE))]

중탄산나트륨(베이킹소다)은 살균제로 1933경부터 알려져 있다. 중탄산염이 곰팡이 세포내의 칼륨 또는 나트륨 이온의 균형을 방해하여 세포벽을 붕괴하기 때문이라고 알려져 있다. 중탄산염은 감염 후 작용을 하는 것이 아니므로 감염에 앞서 처리해야 한다. 식물체 표면에서 아주 짧은 기간 잔류하므로, 반복살포(7~14일 또는 강우 후는 좀 더 자주) 해야 한다. 오일과 중탄산칼륨을 혼용하면 단용하는 것보다 항곰팡이 작용이 좋아지는 것으로 생각된다. 중탄산염은 천적, 토양, 사람 또는 야생생물에게는 아주 미미한 영향을 준다.

중탄산염 제품은 흰가루병에 약간의 방제효과가 있다. 이 제품은 그을음병과 그을음점무늬병에 아주 제한적 효과만 있어 습한 해에는 충분한 방제효과를 기대하지 못한다. 몇 개의 연구에서, 중탄산칼륨은 포도의 회색곰팡이병, 부패병, 갈색무늬병, 딸기의 잎반점병과 같은 병에도 일부 효과가 보고되었다. 그러나 다른 시험에서는 중탄산염은 블루베리의 탄저병과 갈색무늬병, 포도와 딸기의 잿빛무늬병, 반점병, 부패병, 흰가루병에 거의 효과가 없다고 한다. 이 같은 차이들은 병원균의 형태, 살포 시기와 빈도, 살포농도, 오일 등의 보조제 사용여부 등에 따라 기인 한다.

마. 해충 방제용 농자재

유기재배에서 해충 방제는 경종적, 물리적 및 생물적 방제가 기본이 되고, 유기재배 규정에 허용된 농자재들이 조화롭게 사용되어야 한다. 재배농민들은 천적 발생을 조장하기 위해서 서식처를 관리하고 생물적 방제용 재료들을 보호하고 필요할 때마다 방사해야 한다. 그러나 지역에 따라 피해에 많은 문제가 있다. 일부 사과원에서 생물적 방제제(천적)과 해충 개체군의 동태적 평형은 과실을 가해하는 해충(직접해충)의 자연적 방제에 충분하지 않다.

방임 사과원에서는 잎과 과실의 병해와 함께 해충에 의해서 95%이상의 과실이 피해를 받는다. 주요 해충으로는 과실에 심식나방류(복숭아순나방, 복숭아심식나방)와 노린재류, 잎에 사과혹진딧물 등이다. 광범위 살충제(예, 유기인제와 합성피레스로이드계)에 의해 방해받지 않으면 포식성 벌, 꽃등애, 무당벌레, 벌레잡이새 등이 잎과 신초를 가해하는 해충들 (간접해충들)을 적절하게 방제할 수 있다.

유기재배 사과원에서는 이들 유익 포식자(천적)들이 시장 판매가 가능한 과실을 충분히 생산할 수 있을 정도로 직접 해충을 억제하지 못한다. 이런 이유로 해서, 농자재 살포가 유기재배 사과원에서 거의 대부분 필수적이다. 농자재들이 법적으로 허용된 제품인지는 농촌진흥청 농업정보사이트인 농사로홈페이지(http://www.nongsaro.go.kr : 친환경유기농업>유기농업자재)에서 확인할 수 있다. 새로운 농자재를 사용하기 전에는 언제나 인증기관에게 검토를 맡아야 한다.

[식물성 살충제들(BOTANICALS)]

유전자 조작을 하지 않은 식물 또는 식물체 일부에서 얻어진 천연살충제들은 '식물성농약'이라 한다. 이들은 수 세기 동안 농업에 사용되었다. 비산연과 다른 무기 살충제들과 함께 식물성농약은 DDT와 유기인계와 같은 합성 살충제가 개발되기 이전에 널리 사용되었으나, 그 이후 천연농약들은 한물간 농약으로 인식되었다. 그러나, 식물성 살충제는 여러 가지 이유로 해서 유기재배 사과원의 해충관리에 관심을 받으면서 사용되고 있다.

대부분의 식물성 살충제들은 사람, 야생동물과 환경에 합성농약에 비하여 독성이 덜하고, 좀 더 빨리 분해된다. 이런 이유로 유기재배에서 허용되고 있다. 식물성 살충제들은 처리 후

신속히 분해되는 게 일반적이라서 필요하다면 수확기 가까워서도 사용할 수 있지만, 다른 농자재들은 수확전 안전사용일수(PHI) 때문에 처리하지 못한다. 분해가 빠르다는 것은 환경문제를 덜 일으킬 수 있음을 의미한다.

그러나, 식물성 살충제들이 대개 광범위 독성이 있어서 유익곤충들에 나쁠 수 있다. 생물농약이나 페로몬제품들과는 달리 어떤 식물성 살충제(예, 로테논)는 사람과 다른 포유동물들에 직간접 독성이 강하다. 더욱이, 식물성 살충제가 환경에 쉽게 분해된다는 것은 그들의 효과가 아주 단기간만 지속되는 것을 의미한다. 따라서 해충 발생과 아주 일치하도록 정확하게 처리해야 하고, 또는 보다 낮은 밀도에서 처리하거나, 보다 자주 처리해야 한다. 식물성 살충제는 또한 가격이 상대적으로 고가이다. 이런 모든 이유로 식물성 살충제 사용이 해충 방제에서 첫 번째로 고려되지 않고, 해충 피해가 경제적피해밀도를 초과한 후 보완적으로 방제가 필요한 경우에 사용 되는 경향이다.

가) 님제품들(NEEM (azadirachtin, neem oil, neem oil soap))

님제품은 님나무(*Azadirachta indica*)에서 만들어진다. 님나무는 남아시아 원산으로 아주 건조한 아열대와 열대지방에서 생육한다.
수 세기 동안 님나무를 의료, 화장품, 농약 목적으로 사용해 왔다. 님나무를 부수어서 물 또는 알코올 같은 용매로 추출한다. 아자디락틴이 주성분이라고 생각되는데, 님나무로부터 동정된 화학성분은 70여 가지가 넘는다. 님은 주로 곤충생장조절제로 작용하지만, 섭식저해제, 산란억제제, 기피효과 등을 갖는다.

님 농약제품은 세 가지로 나눌 수 있다. 1) 아지디락틴 위주의 제품, 2) 님오일, 3) 님오일비누. 님케이크는 종자로부터 오일을 추출한 후 남는 종자잔류물인데, 가끔 비료 제품으로 판매된다. 다른 추출 기술로 생산된 님제품은 한 제품에서 다른 생물학적 작용을 하는 화학제품이다. 그래서 제품효과는 각각이 다른 식물성 제품이라고 할 정도로 차이가 있다.

님은 많은 곤충과 응애류의 방제에 시험되었다. 과수류에 대해서는 사과혹진딧물을 포함한 진딧물류, 사과면충, 썩덩나무노린재, 일부 매미충류, 배나무이, 굴나방류 등에 어느 정도 효과를 보인다.
사과매미충류, 과실 심식나방류 및 응애류에 대해서도 효과가 포함되었다. 님제는 딱정벌레, 파리, 잎말이나방류, 나무이와 깍지벌레 에는 효과가 거의 없다. 님은 또한 선충 기피제로도 보고되었다.
단기간에 반복 처리하는 것이 감수성 해충에 방제효과를 높이는데 필연적이다. 님제품은 비교적 고가이고, 그 비용은 반복 처리할 필요성에 따라서 증폭될 것이다. 아자디락틴은 과원 생태계에서도 단기간 존재하며, 포유동물 독성은 낮다. 이리응애류를 비롯한 유익충에 거의 독성이 없으나, 물고기와 직접 노출되는 벌을 포함한 다른 익충들에게 고도로 독성이 있다. 님은 건조한 기상에서는 독성이 아주 낮으며, 꿀벌에는 중간정도의 독성으로 구분된다.

나) 제충국제(PYRETHRUM/PYRETHRIN)

제충국(Chrysanthemum cinerariaefolium) 꽃은 6종의 활성 피레스린 에스테르 화합물을 함유한다. 피레스럼은 합성피레스로이드계 살충제에 널리 사용되는 전신물질이다. 합성피레스로이드 제품은 유기재배에 허용된 것이 아니다. 제충국은 유럽이 원산지이고, 서아프리카, 동남아시아와 호주에서 상업적으로 재배한다.

피레스럼은 곤충의 반복적인 신경부하와 경련을 유발해서 마비하게 하는 속효성 광범위 접촉살충제이다. 어떤 곤충은 농도가 낮을 경우 초기 녹다운 후에 다시 회복될 수가 있다. 유기재배 제형들의 라벨에는 백 종도 넘는 해충에 효과가 있다고 한다. 외국에서는 정확하게 사용된다면 진딧물, 과실파리, 사과잎벌, 매미충, 코드링나방을 포함한 나방류, 깍지벌레, 배나무이, 거위벌레, 노린재류, 꽃총채벌레 등에 중정도부터 고도의 효과를 가진다고 한다. 그러나, 피레스럼은 광분해가 빠르고 잔류작용이 짧기 때문에 자주 반복 살포가 필요하다. 이 제품은 사과나무를 새로 심어서 초기에 나무 생장을 저해하는 경우 문제가 되는 잎 가해 해충에 더욱 유용하다.

피레스럼은 비선택성 살충제이므로 꿀벌과 다른 자생 천적류를 포함하는 많은 익충에 치명적이다. 피레스럼의 목표 및 비목표 종에 대한 영향을 사용하기에 앞서 신중히 판단해야하는 이유이다. 그러나 그의 잔류기간이 짧기 때문에 피레스럼은 합성피레스로이드계 농약보다는 익충에 덜 해롭다고 생각된다. 피레스린(주성분)은 햇빛에 급격히 파괴된다. 그러므로 피레스럼은 목표해충이 활동하면서 자외선이 최소인 새벽 또는 늦은 밤에 처리하도록 추천한다.

자외선 억제제 사용으로 잔류기간을 길게 할 수 있다. 피레스럼은 살포하는 물이 산 또는 알칼리 조건에서 쉽게 파괴되므로 액체석회유황, 유황, 비눗물 등과 혼용하지 말아야 한다.

피레스럼은 환경에서도 쉽게 파괴되어 토양이나 지하수에 잔류는 거의 무시해도 될 수준이다. 사람이나 동물에 대한 만성독성도 낮으나, 물고기와 조류에는 독성이 있다.

[비티제(Bacillus thuringiensis VAR. KURSTAKI)]

비티 세균의 미생물 살충제는 나방류 유충 방제에 선택성이 있다. 세균에 의해 만들어지는 포자(resting spores)와 결정단백질(엔도톡신)이 살충 특성이 있다. 비티제가 효과적이기 위해서는 유충이 섭식을 해야만 한다. 단백질이 곤충의 창자에 고정된 후에, 구멍이 만들어지고 이를 통해 창자 내용물이 해충의 몸체와 혈액속으로 스며들어간다. 곤충은 수일 내로 섭식을 중단하고 죽는다. 비티제는 잎말이나방류에 특히 효과가 있다. 7~14일마다 반복해서 처리하면 복숭아심식나방과 복숭아순나방에도 어느 정도 방제효과가 있을 것이다. 또한, 독나방이나 밤나방류에도 효과적일 수 있다.

비티제는 곤충이 효과적으로 먹어야만 하므로, 유충이 먹는 잎의 뒷면에 약액이 잘 살포되어 부착되는 것이 매우 중요하다. 대부분 살충제가 그러하듯이, 노숙유충 보다는 어린유충이 보다 감수성이 있다. 효과적 방제를 위해서는 해충 발생을 일찍 감지하는 것이 필수적이다. 비티제는 1~2일 만에 비에 의해 씻기거나 햇빛에 분해된다. 잎 표면에 부착을 증진하는 고착제 또는 광분해로부터 보호하는 자외선 억제제가 효과를 높일 수 있다.

비티제는 사람, 동물, 꿀벌을 포함하는 대부분의 유익곤충(일부 나방류 제외)에 해가 없다. 어떤 비티제품은 유전자 변환 유기체를 이용해 제조되거나 유기인증 농장에 사용이 금지된 내용물이 포함될 수 있다. 특정 비티제를 사용하기에 앞서 허용 여부를 점검해야 한다.

[고령토(KAOLIN CLAY (Surround® WP)]

자연계에 존재하는 알루미늄규산염 점토광물을 식물보호제로 사용하려고 균일한 입자로 가공한 것이다. 상업제품은 수화제로 처리되고, 처리 후 물이 마르면 잎 표면에 건조한 하얀 입자층이 남게 된다. 곤충을 방제하는 몇 가지 작용기작이 알려져 있다. 1) 곤충이 섭식 또는 호흡에 의해 직접 사망, 2) 곤충이 식물체 조직에 도달하는 것을 물리적으로 방해, 3) 섭식과 산란에 좋지 않은 표면을 만들어서 방해하거나 저지함, 4) 식물체 조직의 색을 다르게 하거나 빛을 굴절시켜서 기주 발견 능력을 저하시킴, 5) 곤충에 자극제로 작용해서 과도한 움직임을 유발하는 등이다.

햇빛이 강하고 고온인 지방에서는 햇빛과 고온에 의해 야기되는 환경스트레스를 경감시키고, 그로 인한 일소피해 경감과 전체적인 수량 증대 효과도 있다. 고령토는 많은 합성 및 미생물 제품의 농약제형에 보조제로 사용되기도 한다. 농업제품 외에도 식품, 의약품, 화장품, 세면도구의 첨가제로 사용되고, 도자기나 코팅종이 제품에도 사용된다.

사과원에서 카올린 점토는 심식나방류, 잎말이나방류 등에 예방적인 효과가 있음이 외국에서 보고되었다. 배에서는 배나무이를 억제할 수 있다. 고령토는 꿀벌에 나쁜 영향이 거의 없다. 그러나 반복처리는 유익종들 특히 포식성 응애에 해가 있어서 사과응애와 샌호제깍지벌레의 격발을 가져올 수 있다.

고령토는 SS기, 동력방제기, 배부식방제기 등 대부분 방제기로 처리할 수 있다. 처리에 앞서 그리고 처리 중에 반드시 잘 혼합되어야 하는데, 혼합이나 처리중 가루를 흡입하면 폐에 손상을 야기할 수 있으므로 마스크를 사용해야 한다. 교반이 안 되는 방제기에는 미리 양동이에 믹서기를 사용해 잘 섞은 후 사용할 수 있다. 고령토는 비누제품을 포함한 대부분의 농약과 혼용이 가능하지만, 동제, 유황제, 보르도액과는 혼용할 수 없다.

라벨에 표시된 최고농도로 2~4회 살포하면 잎과 과실에 충분히 도포가 되어서 이후는 보다 낮은 농도로 사용할 수 있다. 잎과 과실이 빨리 생육하거나 강우가 잦으면 5~14일 간격으로 자주 처리하는 것이 바람직하다. 처리는 만개기 이전부터 시작해서 배나무이와 같이 눈인편이나 조피틈에서 부화해 나오는 해충을 억제할 수 있다. 개화 기간 중 살포는 꿀벌활동에 방해가 되거나 수정에 방해가 되므로 권장하지는 않는다. 상업제품 중에는 비에 빨리 건조되는 것이 있지만, 잎이 젖어있거나 처리 후 비가 와서 점토 잔재물의 건조가 부적합 할 경우는 처리하지 않아야 한다.

고령토를 생육기 중후반에 처리하면 수확과실에 적지 않은 약흔이 남을 수 있다. 이들은 수확자의 손이나 옷에 자국을 남기는데, 독성은 없더라도 수확자들이 싫어할 수 있다. 과실에 남아있는 흔적은 제거하지 않으면 상품성이 감소될 것이다. 부드러운 천으로 닦거나 물을 뿌리면서 닦는 솔세척으로 대부분의 잔류물이 제거되지만 꽃받침과 과실자루 부근의 것은 남아있다. 물의 산도를 낮추거나, 세정제 첨가 및 보다 긴 시간 세척을 하면 잔류물 제거에

도움이 된다. 만생종 품종에서 가장 좋은 것은 수확기 한참 앞서서 살포를 해서 자연적으로 잔류가 없어지게 하는 것이다.

[오일류(기계유유제류, 물고기오일, 식물성오일, 방향유)]

살충성 기계유유제는 원유를 증류탑에서 정제할 때 나온다. 증류범위가 210~230℃의 비등점을 갖는 오일만 사용된다. 이같이 고도로 정제된 오일은 92%이상의 설폰화 되지 않은 잔류함량을 가지며 약해를 경감한다. 대부분의 오일은 휴면기 및/또는 생육기에 해충 또는 병 방제에 사용될 수 있다.

유기재배에 허용된 오일은 식물성과 물고기 재료에서도 얻을 수 있다. 식물성 및 물고기 오일은 화학적으로 지방산, 알코올, 글리세라이드, 스테롤을 함유하는 지방으로 분류한다. 식물성과 물고기 오일의 화학적 및 물리적 특성은 그들의 지방산 구조에 의해 크게 구별된다. 식물성 오일은 종자(콩과 유채 등)에서 주로 얻어지는 반면 물고기 오일은 어류 가공공장에서 나오는 부산물이다.

오일류는 그들이 해충의 알, 연약한 표피 및 곰팡이의 포자 위에 막을 형성하게 될 때 물리적으로 작용하는 농약이다. 작용기작은 해충의 호흡 또는 가스교환 채널이 막혀서 질식하는 것이다. 어떤 경우는 오일류가 곤충 지방산과 작용하거나 정상적인 대사기능과 작용해서 독작용을 할 수도 있다. 식물성 및 물고기 오일류도 이와 비슷한 물리적 작용기작을 갖는다.

다른 농약에 첨가되면 오일류는 흡수, 지속시간 및 효과를 향상 시킨다. 예를 들면 1% 오일액은 개화전 과원에 살포하는 살세균제, 살균제 또는 영양제로 사용되는 구리의 지속기간과 흡수를 향상시킨다. 이 같은 점에서 오일류는 그들 자신이 농약 작용을 가지면서도 농약보조제로 여겨질 수 있다. 오일은 전체나무에 살포되어 완전하게 부착하는 것이 효율적인 해충방제의 필수조건이다.

기계유유제는 휴면기 및/또는 개화 전에 깍지벌레와 사과응애와 같은 해충방제를 위해 처리한다. 기계유유제는 1/2인치 녹색기부터 단단한 화총기까지는 2% 농도로 살포한다. 단단한 화총기부터 핑크기에는 응애알이 부화기에 임박하여 기계유유제에 보다 감수성이 되고, 꽃과 잎에 대한 약해가 증가할 수 있어서 1%농도로 살포한다. 현재 유기재배 사과원에서는 응애류보다 사과혹진딧물 방제를 위하여 주로 발아기 이전이나 월동 전 11월 하순경에 고농도로 사용한다. 그러나 하계기계유유제는 품종에 따라 약해 반응에 차이가 다르므로 주의해야 한다.

오일류는 또한 샌호제깍지벌레, 사과굴나방, 배나무이, 일부 나방류에도 약간의 방제효과가 있다. 오일류는 꿀벌에 낮은 위험도를 나타낸다. 응애와 곤충류는 일반적으로 오일에 저항성을 발달 할 수 없다. 오일 약해를 경감하기 위해서는 주의사항을 지켜야 한다. 습한 날씨(상대습도 65%이상), 온도가 30℃이상과 5℃이하 에서 오일 처리는 하지 않아야 한다. 오일은 잎이 있을 때에 황 또는 구리를 포함하는 살균제와 혼용해서는 안 되며, 황 처리 2주 이내에 오일을 처리하지 말아야 한다. 하계오일은 홍옥 등의 품종에서 과실표면에 영향을 증가할 수 있다. 사과에서 오일류 약해 문제를 방지하기 위해서는 오일을 낮은 농도로 사용한다. 식물성오일의 경우 콩기름보다 카놀라유(채종유)나 해바라기유를 사용할 때 약해가 적게 나타난다. 오일 처리시는 살포입자가 크지 않도록 노즐을 조절하면 좋다. 오일 혼합과 처리 시는 탱크 속에서 계속 잘 교반 되게 하고, 살포용액 속에서 오일이 완전히 유화된 것을 확인해야 한다.

[페로몬 교미교란제(PHEROMONES FOR MATING DISRUPTION)]

성페로몬은 어떤 곤충종의 통신과 행동을 방해해서 교미를 못하게 하여 무정란이 되어 작물에 피해를 주는 애벌레가 부화되지 못하게 한다. 해충별 종특이적인 페로몬은 성충 발생 전에 과수원에 설치하거나 살포하여서 방출이 되면 별도의 살충제 살포를 경감하거나 생략할 수 있게 한다. 처리 면적에 충분하게 설치하면 성페로몬제는 같은 종의 해충이 만나서 짝짓기를 하지 못하게 해서 산란과 부화를 최소화 한다.

이는 면적이 넓을수록(구미지역은 3ha, 우리나라와 일본은 1ha이상), 면적이 정방형이고, 농도가 높을 수록 잘 작용한다. 페로몬 교미교란은 적용대상 해충 개체군의 유입을 조장하는 주변 기주식물 또는 폐과원 들이 많이 있으면 사용이 부적절하다. 외부과원에서 교미를 마친 암컷이 페로몬 교미교란제를 설치한 과원 내로 유입해 올 수 있기 때문이다. 인근 과원에서 성충이 유입되는 과수원과 발생밀도가 높은 과원에서는 별도로 방제효과가 있는 농자재를 추가로 처리하는 것이 필요하다.

페로몬은 농약과 섞어서 치약 또는 젤리와 같이 만들어 대상종을 '유인 살충'을 할 수가 있으나 이와 같은 제품은 유기재배 과원에는 허용되지 않는다. 발생예찰을 목적으로 하는 성페로몬트랩은 유기재배에서 허용된다.

바. 병·해충 농자재별 사용 적기

사과 유기재배시 병해 방제를 위해서 석회유황합제는 4~5월과 11월 하순~12월 상순에 초기병해 예방, 사과혹진딧물 방제 및 적화 목적으로 4회 내외 살포한다. 석회보르도액은 장마 전(6월 중순)~8월에 갈색무늬병, 겹무늬썩음병 등 방제를 목적으로 6–16식(6월) 또는 4–12식(7월 이후)을 4회 내외 맑은 날에 살포한다. 탄저병 발생이 문제되면 봉지씌우기로 보완 방제를 실시한다. 해충 방제를 위해서는 기계유유제는 3월 중하순~4월 상순에 1~2회 또는 월동 전(11월 하순~12월 상순)에 진딧물류 방제를 목적으로 살포한다. 유화식용유는 4월 하순~8월에 진딧물, 심식나방류 보완방제를 목적으로 5회 내외로 살포한다. 유화식용유를 살포할 때는 석회보르도액과 함께 혼용하여 살포한다. 교미교란제는 복숭아순나방 월동성충 발생초(4월 상순)에 심식나방류 방제를 목적으로 적정량을 설치하고, 발생예찰용 성페로몬트랩을 설치하고 정기적으로 조사하여 나방류가 유살되는지 확인해야 하며, 피해과실 제거 등의 작업을 함께 실시한다. 주변에 심식나방류가 다발생하면 봉지나 유기재배에 허용되는 비티제, 님오일, 제충국제 등으로 보완 방제를 실시한다(표 9–1).

표 9–1 유기재배 사과원의 병해충 관리용 농자재 사용 체계도

농자재	농자재별 사용 적기										적용 병해충 및 농자재 사용요령
	3월	4월	5월	6월	7월	8월	9월	10월	11월	12월	
<필수농자재>											
석회유황합제											초기병해와 적화, 4회내외
석회보르도액											갈색무늬병 등, 4회내외
기계유유제											진딧물.응애류, 1-2회
유화식용유											진딧물.면충 등,5회내외
교미교란제		설치									심식나방류, 1000개/ha
<보조농자재>											
봉지씌우기				씌우기							과실 병해충, 필요시
님오일,비티제, 제충국제 등											진딧물, 심식나방류 필요시

[유기농업자재 공시 및 품질인증 제품](2015. 6월 현재)

▶ 병해 관리용 94품목 : 미생물제제 23, 규산나트륨 14, 식물추출물 18, 유황제 12, 식물성오일 9, 보르도액 6, 석회유황합제 3품목 등 (일부 자재 중복)

▶ 해충 관리용 품목 133품목 : 식물추출물 69, 천적 12, 미생물제 14, 페로몬제 24, 식물성오일 17, 파라핀유 10품목 등

▶ 병해충 관리용 193품목 : 식물추출물 69, 미생물제 33, 천적 16, 식물성오일 18, 규산나트륨 14, 페로몬제 10, 파라핀유 3품목 등

[참고 자료]

- 국립원예특작과학원. 2013. 사과재배(농업기술길잡이 5). 농촌진흥청.
- http//www.nongsaro.go.kr 농업기술 → 농업기술정보 → 영농활용기술.
- 이동혁 외, 2009, 사과 병해충 종합관리 길잡이.
- Gregory, M.P et al., A grower's guide to organic apples. NYS IPm publication.

Chapter 10

생리장해 및 들쥐, 두더지 관리

생리장해 및 들쥐, 두더지 관리

가. 생리장해

생리장해는 잎, 가지, 과실에 병해충이나 물리적 피해를 받지 않는 상태에서 외부형태 또는 구조적 이상이 생기거나 생리적 기능이 정상이 아닌 상태를 생리장해, 또는 생리병이라 한다. 재배환경 또는 관리방법이 부적합하여 각종 영양소의 흡수가 균형적으로 이루어지지 못하면 외관적으로 특징적인 증상을 나타내게 된다. 이러한 생리장해는 정확한 진단을 통하여 적절한 대책을 세울 수 있으나, 일반적으로 발생요인이 복잡하기 때문에 단순히 외관적인 증상만으로 진단을 내리는 것은 2차적인 부작용을 초래할 수 있으므로 신중을 기한다.

[칼리(K) 결핍]

가) 증상

과실의 비대가 왕성한 6월 하순경부터 새가지의 기부엽과 과총엽에서 먼저 발생하여 가지 끝쪽으로 진행한다. 먼저 잎의 가장자리가 괴사되고 심하면 괴사부가 잎의 내부로 진행하며, 품종에 따라서 잎이 위쪽으로 말린다. 결핍이 심하면 과실의 비대와 착색이 불량해지고, 과즙의 산함량이 낮아진다.

〈그림 10-1〉 칼리 결핍 증상

나) 발생원인

칼리는 질소 다음으로 토양에서 유실되기 쉽다. 특히, 사질토양이나 부식질이 적은 토양에서는 비나 관계수에 의하여 유실된다. 또한 토양에 칼리 흡수를 나쁘게 하는 질소, 칼슘, 마그네슘이 많을 때와 습해, 가뭄의 피해, 산성으로 뿌리가 손상되었을 때 칼리 흡수 나빠진다.

다) 방지대책

칼리는 평소에 토양에 퇴비를 주어 지력을 높이고, 토양에 칼리를 축적해 두어서 나무가 원할 때에 필요한 양을 흡수할 수 있도록 해두는 것이 이상적이다. 과실의 비대기에 칼리가 많이 필요하기 때문에 이 시기에 칼리가 결핍하지 않도록 칼리를 계획적으로 줄 필요가 있다. 사질토양이나 부식질이 적은 토양에서는 유실이 많으므로 2~4회 분시해 주며, 응급적인 대책으로는 칼리 결핍이 확인되면 생육의 어느 시기라도 곧 천연칼리 또는 황산가리고토를 0.3~1% 액을 엽면 살포 한다.

[마그네슘(Mg) 결핍]

가) 증상

줄기의 기부 잎부터 윗쪽으로 올라가면서 잎맥사이가 황화되며, 심하면 갈변, 낙엽된다. 홍옥, 골든 딜리셔스, 인도 등은 엽맥간 황화, 후지 품종에서는 엽맥 간 흑갈색의 변색부가 나타나며, 갈변증상이 넓어지면 낙엽된다. 결핍이 심한 나무는 수확기가 되어도 신초의 2차 신장이 많고, 과실이 작으며, 과일 표면색이 어두우므로 착색이 불량하다.

〈그림 10-2〉 마그네슘 결핍 증상

나) 발생원인

유효토심이 얕고, 하층에 모래나 자갈층이 있는 토양의 뿌리 분포가 낮은 토양에서 발생이 심하다. 칼리 시용량이 많을 경우 길항작용으로 흡수가 억제된다. 신개간지 토양 등 강산성 토양에서는 유실(流失)이 심하여 결핍되기 쉽고, 가뭄, 건습의 반복, 물리성 불량 등으로 뿌리의 흡수기능이 저하될 때 결핍이 조장된다.

다) 방지대책

토양에 유기물을 충분히 공급해서 보수력과 보비력을 높여 준다. 건조시에는 관수를 철저히 한다. 하층토가 단단하거나 배수가 나쁠 때에는 깊이갈이 또는 배수처리를 해 주어 뿌리의 기능을 원활하게 해준다. 칼리는 마그네슘의 흡수를 방해하는 길항작용 관계가 있으므로 칼리의 시용량을 줄이는 것이 좋다. 천연황산가리고토를 마그네슘/칼리 당량비로서 2이상이 되게 시용한다. 결핍증상이 나타나면 천연황산가리고토 0.3~1%정도나 천연간수를 1,000~2,000배를 3~4회 엽면살포한다.

[칼슘(Ca) 장해]

가) 증상

▶ 잎에 나타나는 증상

칼슘이 결핍하여도 신초의 생장이 쇠약하지 않고 낙엽되지는 않는다. 그러나 과실비대가 가장 왕성할 때에 어린잎의 선단부터 엽연에 따라 황백화 한다. 이것이 점차 황갈색에서 암갈색으로 변하고 괴사한다.

▶ 고두병(苦痘病, bitter pit)

고두병은 과실의 반점성 장해 중 가장 많이 발생한다. 해와 지역에 따라 상당한 피해를 보이는 장해로 감홍 품종에 많이 발생하며, 후지와 딜리셔스계에서도 발생한다. 발생시기는 수확 전부터 나타나며 저장중에도 많이 발생한다. 수확 전에 발생하는 것을 수상(樹上) 고두병(Tree pit), 저장 중에 발생하는 것을 저장고두병(Storage pit)으로 구별하는데 본질적인 차이는 없다. 전형적인 증상은 꽃받침 부위(과실의 적도면 아래 부위)의 과피에 주로 발생하며, 과피의 바로 아래의 과육에 발생하는 것은 저장 중에 나타난다. 초기증상은 과점에 상관없이 과피에 붉은 색을 띠나 오목한 반점으로 진전되며 적색품종은 암적색, 황색품종은 녹색~회록색의 2~5mm 크기의 반점이 된다. 반점부위 아래의 세포는 거의 붕괴되며,

과육은 암갈색의 스폰지 상태로 된다. 반점이 나타난 부위는 쓴맛이 있고 마마처럼 들어간다하여 고두병(苦痘病)이라고 부르고 있다. 이와 같은 고두병은 과실의 외관을 손상시키며, 저장 중에 피해 부위로 부패균이 침입하여 과실을 부패시키면 피해가 더 크다.

〈그림 10-3〉 잎에 나타난 증상과 고두병(苦痘病, bitter pit)증상

▶ 코르크 스폿(Cork spot)

성숙 전에 발생하는 반점성 장해로서 딜리셔스계, 레드골드 등에 많이 발생하며, 후지나 홍옥에서도 발생한다. 발생시기는 8월 하순에서 수확기까지 발생한다. 그러나 저장 중에는 발생하지 않는 것이 고두병과 다르다. 발생부위는 주로 과실의 과경부(과실의 적도면보다 윗쪽)에 나타나나 과실전체에 나타나기도 한다. 반점은 과피와 과육부에 발생하나 과면이 약간 오목하게 들어가고 그 아래의 과육은 갈색으로 변하며, 코르크화되어 딱딱하고 흑색, 적색 또는 녹색을 나타내기 때문에 주변의 건전부와 구별된다. 반점의 크기는 보통 직경이 5mm이상으로 증상이 심한 경우에는 그 부분이 찢어진다.

▶ 홍옥 반점병(Jonathan Spot, Lenticel Spot(미))

수확기 전후로부터 저장초기의 홍옥에 많이 발생하고 딜리셔스계 품종이나 쓰가루에도 나타나는 반점성장해로 미국에서는 렌터셀 스폿(Lenticel Spot)라고 한다. 이 장해는 직경이 2~4mm의 반점이 과피부에 발생하는데 반점이 빨갛게 착색한 부분이 발생하면, 흑색, 비착색부에 발생한 반점은 갈색이 된다. 반점은 과점(Lenticel)을 중심으로 발생하는 것이 많으나 때로는 과점이외의 부위에도 나타난다. 피해부는 과피와 바로 아래의 수층의 세포에 한한다. 반점부는 차츰 전체가 오목하게 들어가나 그 이상 부패가 진전되지 않는다. 그러나 저장후기에는 부패균이 2차적으로 기생하여 과실이 부패하는 경우가 있다.

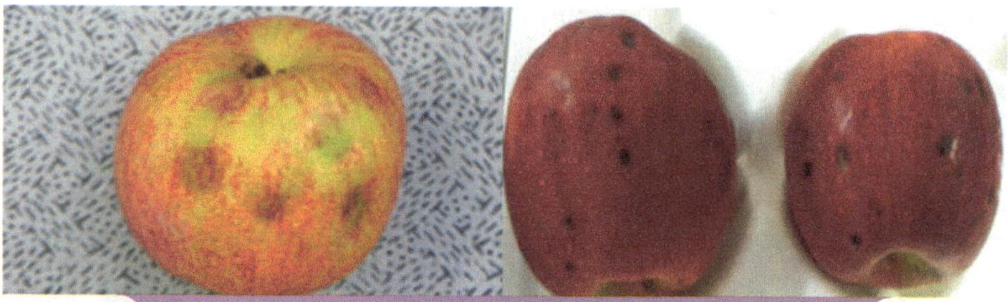

〈그림 10-4〉 코르크 스폿(Cork spot)과 홍옥 반점병(Jonathan Spot)

▶ **과점얼룩반점(렌터셀 블로치 피트(Lenticel blotch pit))**

고두병 발생시기와 같이 수확 전부터 나타나며, 과피에 5~10mm의 갈색, 흑색의 원형 또는 국화무늬의 반점이 생긴다. 외관적으로는 고두병과 구별되지 않으며, 피해부는 과피 및 바로 아래의 몇층의 세포에 한정된다.

▶ **세계일의 배꼽 부분 괴사 증상**

과실의 배꼽부분이 괴사하는 현상으로 6월 중~7월 하순 사이에 꽃받침 주위의 일부분이 짙은 갈색으로 괴사하고, 과육부의 1cm깊이까지 코르크화 되며, 피해부는 딱딱하고, 2차 감염없이 그대로 수확기까지 남아있다. 수세가 왕성한 나무에서 발생이 많으며, 일반대목과 MM.106에서 심하고, M.26은 현저히 낮다. 세계일 품종에서 특징적으로 나타난다.

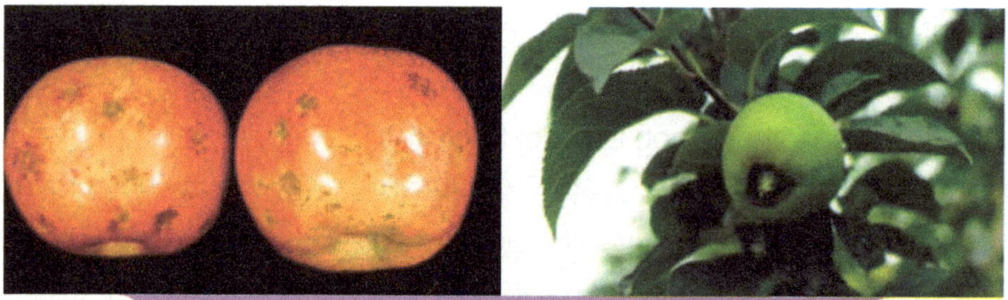

〈그림 10-5〉 렌터셀 블로치 피트와 세계일의 배꼽 부분 괴사증상

나) 발생원인

발생 조건은 질소과용(특히 암모늄태질소), 강우로 질소 흡수가 많아질 경우, 과습, 강전정, 강한 적과시에 심하다. 칼리는 칼슘과 길항관계가 있으므로 과다 시용시 칼슘 흡수를 억제하여 발생이 심하다. 기상적으로는 5~6월 강우가 적고 장기간 건조하거나, 생육후기에 강우가 많은 해에 발생이 많으며, 과피에 칼슘함량이 400ppm 이하에서 발생되기 쉽다

다) 방지대책

▶ 질소 및 칼리의 시비제한

질소와 칼리는 칼슘흡수를 방해하는 길항작용을 하므로 시비량을 줄이거나 발생이 심한 과수원은 무비료(無肥料)로 2~3년간 재배한다.

▶ 수세 및 착과량 조절

수세가 강한 나무에서는 과실에 칼슘 축적이 어려우므로 수세를 안정시키고, 세력이 강한 나무는 5월에 환상박피, 스코아링 등의 조치를 취하며, 큰 과실이 되지 않도록 적과에 주의한다.

▶ 칼슘의 공급

페화석 등을 유기물과 함께 깊게 시용하여, 칼슘 함량과 토양의 염기치환용량을 높이도록 한다. 보르도액을 살포하는 유기재배에서는 칼슘결핍 발생이 적지만 만약 발생하면 응급대책으로 유기농 허용 칼슘(0.2~0.3%)을 수체(樹體) 살포한다. 예방 목적으로 쓰가루는 6월중~7월 하순, 후지는 6월하~8월 중순에 약 10일 간격으로 3~5회 살포하고, 수세가 강한 나무나 과실비대가 왕성하여 큰 과실이 될 것으로 예상되는 경우는 살포횟수를 5회로 한다. 생육초기에는 과실의 동녹방지를 위하여 그레프론(탄산칼슘 미세분말)을 만개 2주 후부터 7~10일 간격으로 3회 정도 살포하면 효과가 있으며, 수체 살포시에는 과실에 직접 부착되도록 해야 한다. 8월 이후 고온기 또는 가뭄이 심할 때 칼슘제를 고농도로 살포할 경우는 잎과 과실에 약해가 발생될 우려가 있으므로 낮은 농도로 살포하고, 저장 중에는 큰 과실, 미숙과(未熟果)에서 발생이 많으므로 저장 과실선택에 주의한다.

[망간(Mn)결핍 및 과다장해]

〈망간 과잉(적진병)〉

가) 증상

7~8월 새 가지의 어린잎이 황화 되고, 8월 하순 무렵부터 새 가지의 수피에 조그마한 돌기가 생겨나고, 점차 부풀어 올라 발진상(發疹狀)으로 된다. 이 부분의 수피를 벗겨보면 안쪽에 검은색의 점상(點狀) 또는 선상(線狀)의 죽은 부분이 생기고 낙엽되며, 새가지와 2~3년생은 겨울 동안 가지 끝부터 말라 죽는다. 과실 비대가 나쁘고 편평한 과실이 되기 쉽다.

〈그림 10-6〉 망간 과잉 증상

나) 발생원인

대목은 삼엽해당이 환엽해당 보다 많이 발생하고, MM.106대목이 M.26보다 많이 발생한다. 발생되기 쉬운 품종은 딜리셔스계, 후지 등이고 육오, 골든딜리셔스, 홍옥 등에서는 발생이 적다. 유효토심이 낮고, 칼슘, 마그네슘 등 염기함량이 적은 강산성 토양, 배수불량 및 건습이 반복되는 곳에서 건조시 불활성 망간이 가급태로 되어 흡수가 증가한다. 재배적으로 심한 단근, 이식, 결실 과다 시에 발생이 심하다. 건전한 사과나무의 잎에는 망간이 100~200ppm 정도이지만 증상이 나타난 나무의 잎에서는 200~400ppm 정도로 높고, 심한 곳에서는 700ppm이 넘기도 한다.

다) 방지대책

망간피해가 나타나는 것은 토양에 망간이 적정이상으로 많거나, 토양이 강산성 일 경우, 배수가 나쁠 때 등이다. 토양에 망간이 많으면 망간이 과잉 흡수되지 않도록 석회질 비료를 시용하여 토양 산도를 pH 6.0 정도까지 교정한다. 또 이때 인산을 다용하면 망간의 흡수가 억제된다. 배수 불량지는 암거배수를 하고, 토양수분의 건습이 일어나지 않도록 해야 한다. 피해가 심한 가지는 제거하며, 결실 조절과 약간 강전정으로 수세 회복을 꾀하고, 새로 심을 경우에는 토양 개량제를 투입하는 것이 좋다.

〈망간 결핍〉

가) 증상

망간은 체내에서 이동이 늦으므로 새잎이 엽맥에 녹색이 남고 엽맥사이가 엷은 녹색이 된다. 증상이 진행되면 엽맥사이가 갈색이 되어 고사한다. 이 증상이 엽맥상의 황화라고 하는 요소 결핍의 일반적인 증상으로 보이기 때문에 마그네슘 결핍이나 아연 결핍 등과의 구별이 어렵다. 아연결핍은 녹색부와 황화부의 대조가 극단적이나 망간 결핍은 대조가 분명하지 않다.

〈그림 10-7〉 망간 결핍 증상

나) 발생원인

토양 중에 치환성 망간이 3~5ppm 이하인 곳은 망간 결핍토양이다. 또 토양 pH가 높아지면 망간이 불용화 되어 흡수가 나쁘게 되어 결핍 증상이 발생한다. 토양에 칼리나 질소가 많으면 망간의 흡수가 좋아지나 칼슘, 인산, 구리, 철, 아연 등은 망간의 흡수를 억제하고 체내의 이동도 나쁘게 한다.

다) 방지대책

근본적인 대책은 유기물 시용으로 완충능이 강한 토양으로 만든다. 또한 황산망간을 토양이 알칼리성일 경우 20~30kg, 중성일 때는 10~20kg, 토양 pH가 6.0~6.5일 경우 망간 피해가 나올 때는 10kg을 시용한다. 결핍증상이 나타나면 가급적 빨리 황산망간액 0.2~0.3%액(생석회 0.3% 가용)을 10일 간격으로 2~3회 엽면살포 한다. 토양pH가 높으면 황을 사용하여 토양pH을 조절한다.

[붕소(B)결핍 및 과다장해]

〈붕소 결핍〉

가) 증상

▶ 축과병

유과기에 나타나는 외부 코르크성은 과실 표면에 수침상으로 괴사부가 발생하고 증상이 계속되면 적갈색 또는 암갈색으로 변색되며, 과피 구열(龜裂), 변형, 낙과가 일어난다. 생육 중기 이후에 나타나는 내부 코르크성은 과형은 정상으로 보이나 착색이 불량하고(황색), 과실 표면에 파상의 융기가 다소 발생하며, 과실 절단면은 과육과 과심부근이 갈색의 콜크조직, 또는 해면상 조직으로 되어있다. 유사 증상은 바이러스에 의한 동녹, 기형과이나 과실 내부에는 증상이 없으며, 발생하기 쉬운 품종은 홍옥이다.

〈그림 10-8〉 내부 코르크성 축과병 증상

▶ **새가지 고사 현상(新梢枯死)**

붕소결핍의 정도가 심하게 되면 영양생장이 방해되어 신초고사증상을 일으킨다. 봄에 1년생 가지의 잎눈이 살아있으면서 늦게까지 발아하지 않고 잠자는 상태로 남아 있다. 정아는 싹이 터 나와도 잎이 작고 가늘게 되며, 잎가장자리가 말리고 담황색으로 되며, 황색의 반점이 불규칙하게 생기고 새순은 짧게 자란다. 또 새가지의 곁순이 총생현상을 나타내기도 한다. 1년생 가지의 표피가 매끈하지 않고 울퉁불퉁하게 거칠며, 칼로 표피를 벗겨보면 검게 죽은 조직이 섞여 있는 것을 볼 수 있다. 이와 같은 가지는 그해 여름~가을 동안에 말라 죽게 되며 살아남은 경우에는 표피가 터지고 거칠어져 적진병과 흡사한 증상을 나타낸다. 다음해 봄에 죽은 가지 아래쪽의 눈에서 새가지가 돋아난다.

〈그림 10-9〉 새가지 고사 현상(新梢枯死) 증상과 붕소결핍 증상

나) 발생원인

토양 중에 붕소 함량이 부족하거나, 유효토층이 낮은 곳, 보수력이 떨어지는 모래나 자갈이 많은 토양에서는 붕소의 흡수가 억제된다. 토양이 강산성일 때는 토양내의 붕소가 가용성(可溶性)으로 변하여 강우에 의한 유실(流失)과 토양수를 따라 하층으로 이동되기 쉽기 때문에 흡수가 어렵다. 또한 붕소를 시용한 경우에도 석회를 과다하게 시용하면 붕소 용해(

溶解)도가 억제되어 흡수가 적어진다. 봄~여름에 걸쳐 강우가 부족하거나, 고온건조가 계속되는 해는 붕소가 불용화 되고, 토양이 알카리성(중성~알카리성)일 때는 불가급태화 되어 흡수가 어렵다.

다) 방지대책

유기물과 석회를 충분히 시용하여 보수력(保水力)과 보비력(保肥力)을 높여야 하며, 질소 비료를 알맞게 시용하여 수세를 안정시키고, 붕사를 10a당 2~3kg로 2~3년 간격으로 시용한다. 결핍증상이 보일 때에는 붕사 0.2~0.3%액(물 20ℓ 당 40~60g), 생석회 0.1%(붕사의 반량) 가용해 2~3회 엽면 살포한다. 붕소비료의 시용량이 많을 때는 과잉장해가 나타나므로 주의해야 한다.

〈붕소 과잉〉

가) 증상

잎이 연한 녹색이 되고, 생기를 잃어 아래로 처지며, 점차 가지가 고사한다. 새가지의 잎은 심하게 위로 말리고, 2차 생장지의 잎은 종이처럼 뻣뻣해지며, 전체가 기형으로 뒤틀린다. 잎은 잎자루 및 잎의 뒷면에 돌출해 있는 주맥의 부분 부분에 조직의 일부가 검게 죽어 있으며, 약한 바람에도 잎자루나 잎맥이 쉽게 부러져 잎 몸을 잘라버린 눈접용 접수와 같이 된다. 과실은 정상적으로 성숙하는 과실에 비하여 과실의 바탕색이 빨리 황색으로 변하고, 조기 낙과하는 경향이 있다. 과실을 절단해 보면 과육에 밀 증상과 함께 갈변증상이 나타나는 경우가 많다. 후지는 다른 품종에 비하여 붕소과잉에 민감한 것으로 보고되고 있다.

〈그림 10-10〉 붕소 과잉 증상

나) 발생원인

붕소과다는 한해에 10a당 5~10kg의 과다한 붕소시용이나 매년 10a당 2~3kg의 붕소를 시용하는 경우에 나타나기 쉽다. 최근 무분별하게 칼슘과 함께 많이 살포하는 농가에서도 종종 발생한다.

다) 방지대책

붕소가 함유된 자재의 무분별한 시용과 엽면살포를 삼간다. 붕소가 서서히 식물체에 흡수되도록 토양조건을 개선하고 토양의 pH는 6.0정도로 교정한다. 이러한 과다증상은 장마철이 되면 빗물에 의해 용탈되어 더이상 진전되지는 않는다.

[철(Fe) 결핍]

가) 증상

철은 칼슘과 같이 식물체내에서 가장 이동성이 나쁜 요소이므로 결핍증상은 새잎에서 나타난다. 생육기중 언제라도 뿌리의 흡수가 약해지면, 새가지 선단부의 잎에 황색의 반점들이 발생하여 잎이 누렇게 보이고, 2차 생장지의 잎은 심하게 황화되어 황백화 현상을 나타낸다. 철 결핍과 망간 결핍은 증상이 비슷하여 식별이 어려울 경우가 있다. 이때에는 결핍증상이 나타나고 있은 잎에 황산제1철 0.1%액을 분무하거나 붓으로 바른 후 2~3일 안에 녹색으로 회복하면 철결핍으로 판단한다.

〈그림 10-11〉 철 결핍 증상

나) 발생원인

토양 pH가 중성 내지 알카리성이 되면 토양중의 철이 불용성(不溶性)으로 변하여 흡수가 방해된다. 식물체 내에서의 이동이 적기 때문에 토양이 지나치게 건조하면 철의 흡수가 중단되면 새로운 눈에 철이 결핍하게 된다. 인산을 다용하여 체내에 인산이 과잉 흡수되면 과잉된 인산이 철과 화합하여 체내의 철이 부족하게 된다. 또한 망간, 구리가 식물체에 과잉 흡수되면 체내의 철이 산화되어 불활성(不活性)이 된다.

다) 방지대책

토양이 중성 내지 알칼리성이 되면 철이 작물의 뿌리에 흡수되기 어려운 상태가 되어 결핍증상이 나타난다. 석회질 비료를 줄 때는 토양pH가 6.0정도가 되도록 한다. 또 토양이 건조가 심하면 철 흡수가 나빠지기 때문에 과도한 건조가 없도록 관수를 철저히 한다. 철 결핍은 인산이나 구리 등이 과잉 흡수되었을 때, 기온이 낮을 때, 일조가 적을 때에도 일어나기 쉽다. 따라서 철 결핍이 일어날 때에는 넓은 시야에서 원인을 조사하여 적절한 대책을 세운다.

[아연(Zn) 결핍]

가) 증상

신초의 절간이 짧고 어린잎은 작아지며 선명한 황반이 생긴다. 잎은 가늘어지고 후에 나온 잎은 밀생하여 로젯트상이 된다. 결핍이 심하면 잎이 작아지고 황하기 심하여 착과가 나빠지거나 과실 비대가 원활하지 못하다. 뿌리에서는 세근이 침해되므로 수분이나 양분 흡수가 나빠진다.

〈그림 10-12〉 아연 결핍 증상

나) 발생원인

퇴비 등 유기물의 시용이 적을 경우 토양에 아연 공급량이 감소한다. 질소, 칼리, 인산이 과용되면 길항작용에 의하여 아연의 흡수가 억제된다. 토양 pH가 높아지면 아연흡수가 나쁘게 되어 결핍증이 발생한다.

다) 방지대책

사과원에 유기물을 시용하여 사과나무가 필요로 하는 아연은 이들로부터 충분히 공급되게 한다. 토양이 산성이면 아연이 과잉 흡수되고 알칼리성이 되면 흡수가 감소한다. 따라서 토양 pH를 조사하여 적합한 토양pH가 되도록 조정한다. 황산아연은 토양에 주어도 토양이 알칼리성일 경우 불용성이 되고, 토양미생물에 고정되어서 효과가 감소한다. 토양에 시용할 경우는 10a 당 황산아연을 2kg정도를 준다. 이 양을 초과하면 약해를 일으키는 일이 있으므로 초과하지 않도록 주의가 필요하다. 응급대책으로는 황산아연 0.3%액(생석회 0.2~0.3% 가용)을 살포하거나, 석회유황합제를 살포할 경우에 0.3% 황산아연을 가용하여 살포한다

나. 들쥐, 두더지 관리

[들쥐]

가) 들쥐의 생태

들쥐라고 불러지는 것은 밭쥐, 붉은쥐, 작은쥐, 습지(늪)쥐 등이 있다. 이 중에서 사과 등에 큰 피해를 주는 것은 주로 밭쥐이고 이것이 절반을 차지한다.

밭쥐는 터널 생활이 중심이고 제방 등의 완경사의 풀숲에 길고 복잡한 터널을 파고 그 중앙부에 짚이나 마른풀을 모아서 집을 짓는다. 번식기는 4~6월과 9~10월이고 1회에 출산하는 수는 3~6마리이다. 임신기간은 21일이고 출산하면 이날 중에 교미한다. 각 번식기에 3~4회 낳지만 봄보다는 가을에 많이 낳는다. 자란 암놈은 생후 50일에 번식이 가능하게 된다.

나) 들쥐의 피해

들쥐의 피해를 받기 쉬운 사과원은 초생, 부초(敷草), 부고(敷稿) 등을 한 사과원, 산림 및 휴경지에 인접한 사과원이다. 피해는 겨울에서 이른 봄에 걸쳐서 많이 받는다. 일반대목의 나무는 성목보다도 재식 1~3년째의 유목에 피해가 많다. 왜성대목에서는 특히 M.9대목과 JM.7 대목에서 피해가 심하고 성목이 되어도 피해를 받는다. 주로 지제부의 수피나 뿌리를 갉아먹고 피해를 심하게 받은 나무는 고사한다.

다) 대책

완전한 방지대책은 어렵지만 다음과 같은 관리를 한다.

- 사과나무 주간 주위에 풀이나 짚, 낙과된 사과 등을 깨끗이 치운다.
- 과수원 내의 낙과된 사과, 간작 후 채소 찌꺼기, 나뭇가지 등을 어지럽게 두지 않는다. 또 풀도 잘라낸다.
- 나무 밑(수관하부)을 얕게 로타리하여 쥐구멍을 부순다.
- 2월 중순이 지나면 지면과 주간주위로부터 눈이 녹기 시작하면 틈이 생기기 때문에 가능하면 몇 차례 순찰하여 밟아서 다져 빈틈이 없게 한다.
- 유목은 지상부터 60~70cm높이까지는 비료포대나 전용 플라스틱 보호망을 감고, 기피제를 도포한다.
- 쥐덫 등의 포획기를 설치해 쥐 밀도를 낮춘다.
- 기피제로 최근 neem cake(님핵 유박)이 주목받고 있다. 님 나무에서 기름을 추출한 후 물기를 뺀 찌꺼기가 핵유박이다. 10a당 2포정도 뿌리면 독특한 냄새 때문에 들쥐를 기피하는 효과가 있다고 한다.
- 주간이 완전히 돌아서 갉아먹힌 경우는 성토 또는 주간 주위에 둘레를 만들고 흙은 넣어서 덮어 캘러스의 발생을 촉진한다.

[두더지]

가) 두더지의 생태

두더지는 지하 터널에서 주로 서식하며 밖으로 나오는 일은 드물다. 두더지는 단독으로 행동하며 먹이를 위해서 땅속에서 사는 다른 동물보다 많은 면적의 땅을 차지한다. 행동권의 넓이는 먹이 등의 따라서 크게 다르다. 과수원 등의 농지에 지표에 많은 터널이 보이고 한번에 많은 두더지가 살고 있는 것으로 보여도 실제로는 마리수가 많지 않다.

두더지는 하루에 몸무게의 70~100%을 먹는다. 두더지는 유충이나 지렁이가 많은 부드럽고 습기가 있는 토양을 좋아하고, 다져지고 반건조 지역을 싫어한다. 두더지는 번식기 이외에는 완전히 단독으로 생활한다. 두더지는 동면하지는 않고 일년내내 다소간 활발하다. 여름동안 우기에는 가장 활발히 먹이를 찾고 저장한다. 임신기간을 대략 42일이고 3월~4월초에 3~5마리 정도 낳는다. 두더지는 땅속 생활을 하기 때문에 천적이 적다. 두더지와 쥐가 종종 같은 장소에서 발견되고 피해가 혼돈된다. 두더지는 깊은 굴에서 밀어올리는 5~60cm정도

화산모양의 흙무더기를 만든다. 이 흙더미 수는 그 지역의 두더지 수를 의미하지는 않는다. 다만 표면의 굴이나 두둑은 두더지의 활동성을 나타낸다.

나) 두더지의 피해

두더지가 과수원에 침입하는 것은 토양내의 소동물을 먹기 위해서이다. 지상에 과실 등을 대량으로 방치하거나 개방식으로 퇴비를 만들 경우에 지렁이 등의 소동물이 많이 생기면 두더지가 많이 유인되어 정착하는 원인이 된다. 두더지는 땅속에서 발견되는 지렁이, 곤충 유충, 굼벵이 등을 100% 육식하므로 뿌리는 갉아먹지 않는다. 보통 두더지 터널에서 발견되는 농작물의 식해 자국 등은 터널에 침입한 야생쥐에 의한 것이다. 많은 터널에 의해서 겨울의 차고 건조한 공기에 의해 뿌리가 피해를 받는다.

다) 대책

▶ 재배적인 방법

- 아침 일찍이나 저녁 늦게 터널을 다지면 두더지를 죽일 수도 있다.
- 전기, 전자, 진동장치가 두더지를 놀라게하고 내쫓는다고 알려져 있다.
- 기피제

과학적으로 테스트되지는 않았지만 매리골드 울타리는 두더지를 내쫓는다.

▶ 확실한 포획으로 구제

포획(trapping)은 두더지를 없애는 가장 확실한 방법이다. 시장에는 다양한 두더지 포획기가 있다. 두더지가 먹이를 찾는 길에 포획기를 설치하면 잡기가 힘들다. 포획기를 두더지가 매일 다니는 생활 통로에 설치하면 포획능률이 향상된다. 생활 통로를 발견하는 방법은 다음과 같다(그림 10-13). 한 면이 50~60cm인 판자나, 스치로폼, 또는 육묘상자를 이용한다. 사용법은 두더지굴을 다져도 다시 생기거나 외부에서 침입도라고 생각되는 곳 위주로 과수원 표면과 판자사이에 공간이 생기지 않게 평평하게 지면을 고르고 10a당 7~8 장의 판자를 놓는다. 다음날 판자를 들추어 보면 판자 밑에 터널이 만들어져 있다면 모래나 흙으로 터널을 묻어 원상태로 잘 정리하여 판자를 그대로 다시 덮는다. 터널이 난 판자의 번호를 기록한다. 다음날 가보면 터널이 다시 생긴 판자가 있다면, 전날과 같이 터널을 원상태로 하고 다음날 또 확인한다. 연이어 2, 3일 계속 터널이 다시 생기는 판자 밑의 터널이 두더지의 주생활 통로가 된다. 이 주생활 통로에 터널식 포획기나 터널이 시작하는 부위에 다양한 두더지 포획기를 설치하면 더 쉽게 두더지를 포획할 수 있다.

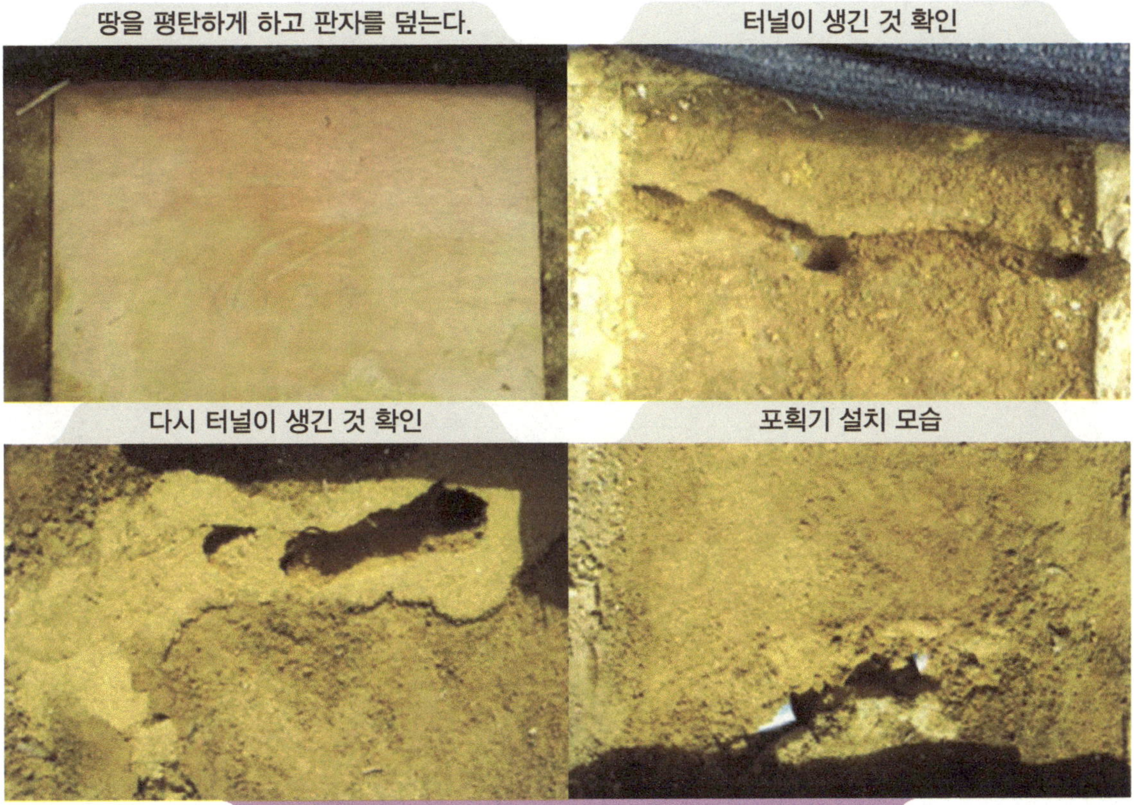

〈그림 10-13〉 두더지 생활터널 찾는법

또한 가능한 봄 일찍 포장을 돌아보고 나무 주위를 막대기 등으로 땅을 찔러보아 쉽게 들어가면 쥐나 두더지가 다닌 굴을 발견할 수 있다. 이때는 약대 호스 등을 이용하여 물을 충분히 주면서 나무 주위를 뿌리가 절단되지 않게 밟아 준다.

[참고 자료]

- 국립원예특작과학원. 2013. 사과재배(농업기술길잡이 5). 농촌진흥청.
- http//www.nongsaro.go.kr 농업기술 → 농업기술정보 → 영농활용기술.
- 박진면 외. 2015. 과수원 토양관리와 비료. 더북가든.
- 임열재. 2005. 사과원 영양관리. 충청북도 농업기술원 사과특화사업단.
- 靑森懸りんご生産指導要項編集部會. 2010. りんご生産指導要項. 靑森懸りんご協會.
- 前田正男.作物の要素缺乏・過剩症. 1975. 農山漁村文化協會.
- 井上雅央, 秋山雅世永. 2010. モグラ. 農文協農.

M a n u a l   o f   O r g a n i c   A p p l e

사과 유기재배 매뉴얼

Manual of Organic Apple

Chapter 11

수확 및 저장

가. 수확
나. 저장, 출하 전처리
다. 저장환경 관리
라. 선별

Chapter 11 사과 유기재배 매뉴얼 Manual of Organic Apple

수확 및 저장

가. 수확

[수확방법 및 주의사항]

사과의 수확은 성숙이 빠른 수관 상부나, 햇볕이 잘 드는 외부부터 하는 것이 좋다. 노동력이 충분하다면 몇 차례 나누어서 성숙된 것부터 한다. 큰 과실부터 수확하기 시작하고 한 나무에서도 3~5일 간격으로 2~3회로 나누어 수확하며 하루 중에는 과실의 온도가 높을 때 수확하는 것은 바람직하지 않다. 비가 올 때는 수확하지 말고, 부득이한 경우를 제외하고는 비가오고 나서 2~3일 지나 과실이 마른 다음 수확하는 것이 좋다. 수확한 사과를 토양바닥에 쌓아 둘 경우 토양에서 오염이 될 수 있으므로 수확한 사과는 박스에 담아서 가능한 토양과 접촉되지 않게 한다.

[수확시기 결정]

수확 후 바로 출하할 상품은 수확후의 기간이 길지 않으므로 착색도, 육질(경도), 식미(단맛–당함량, 신맛–산함량)이 충분히 발현되었을 때 수확한다. 그러나 홍로와 감홍 품종은 지나치게 성숙되면 유통 과정에서 품질의 저하가 빠르게 진행되므로 과숙(過熟)은 피해야 한다. 후지 품종은 밀 증상이 있는 과실은 장기저장용으로 적합하지 않다.

저장하였다가 이듬해 출하할 목적으로 할 경우에는 장기간의 품질변화를 고려해야 하다. 저장용 만생종 과실의 수확시기는 만개 후 일수를 참조하되 재배년도의 기상을 고려하여 최종적으로 전분반응을 이용하여 결정한다.

〈 수확시기에 따른 과실 저장성 〉

◊**조기수확 :** 저장력 강, 식미와 착색 다소불량, 고두 및 껍질덴병 증가

◊**지연수확 :** 저장력 약, 밀병, 내부갈변 발생, 연화로 인한 품질저하가 빠름

[수확시기 결정지표]

가) 착색에 의한 수확시기 예측

80% 이상 착색된 과실이 나무 전체에 고루 분포할 때 수확을 한다. 착색은 기상 조건이 재배조건에 따라 착색되는 정도가 차이가 있으므로 이를 고려해야 한다. 또한 성숙기의 기상이 서늘한 지역이나 해(年)에는 착색이 빠르다.

나) 만개 후 일수에 의한 수확시기 예측

만개기는 연도와 지역별로 차이가 나므로 미리 파악해 두어야 하며, 조생종 품종이 만생종 품종에 비해 1～2일 정도 빠른 경향이 있다.

표 11-1 숙기 예측을 위한 만개 후 일수

품 종	숙기 도달 만개 후 일수
홍 로	125～140일
감 홍	155～165일
후 지	170～180일

다) 전분지수에 의한 수확시기 예측의 활용

사과의 성숙도 판정방법 중 가장 신뢰도가 높은 방법으로 선진국에서는 수확시기를 판정할 때 전분지수를 이용한다. 전분지수 이용 방법은 수확 예정 4주 전부터는 5～7일 간격, 수확 예정 2주전에는 2～3일 간격으로 전분반응 조사하며, 바로 수확한 과실을 이용하여 조사한다.

표 11-2 **'후지' 사과의 수확시기 결정을 위한 전분지수**

5	4	3	2	1	0
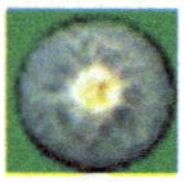				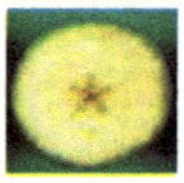	
과심부만 소실	과심주위 소실	과심과 유관속 주위소실	70% 소실	90% 소실	완전 소실

과실 적도부를 횡으로 절단	과실 자른 면을 침지하거나 요오드 용액을 살포	5분 후 발색 정도를 전분차트와 비교

〈그림 11-1〉 사과의 전분지수 조사 과정

라) 기타 수확기 판정 지표

기타 수확기 지표로 할 수 있는 방법으로는 과실 크기, 종자색, 밀증상(蜜症狀), 조직감 · 맛 등의 감각, 경도, 산 함량을 이용할 수 있다. 이들 방법 한 두가지로 수확기를 판정하기는 어렵기 때문에 여러 가지 수확 지표를 종합적으로 고려해서 판정해야 한다.

표 11-3 **사과 품종별 숙기**

월 별	7월		8월						9월						10월						11월	
품종 순별	하		상		중		하		상		중		하		상		중		하		상	
OBIR2T47(마도)		■	■																			
서 광			■	■																		
썸 머 킹			■	■																		
새 나 라				■	■	■																

월 별	7월		8월						9월						10월						11월	
품종 순별	하		상		중		하		상		중		하		상		중		하		상	
쓰가루					■	■	■															
산 사						■	■															
갈 라							■	■														
선 홍							●	●														
아리수								●	●													
그린볼								●	●													
홍 로									●	●	●											
홍 금									●	●	●											
홍 소									●	●	●											
추 광										●	●											
홍 월												■	■									
피크닉												●	●	●								
황 옥												●	●	●								
후지조숙계												■	■	■								
세계일													■	■								
신홍(뉴조나골드)														■	■							
조나골드															■	■						
양 광															■	■						
홍 옥															■	■						
감 홍																●	●	●				
골든딜리셔스																■	■	■				
북 두																	■	■				
육 오																		■	■			
화 홍																		●	●			
후 지																			■	■	■	

* 붉은색은 국내육성 품종

나. 저장, 출하 전처리

[저장고 및 상자 소독]

저온저장고 내부에는 곰팡이나 세균이 많이 서식하고, 송풍기 바람에 세균 및 곰팡이가 날려 저장물이 오염된다. 또한 세균 및 곰팡이가 에틸렌을 발생시켜 노화 및 과피얼룩을 유발(誘發) 시킨다. 저장고 소독은 유황훈증(硫黃燻蒸)으로 한다. 저장고 면적 1㎡당 유황 20~30g을 태워서 24시간 밀폐한다. 유황훈증을 한 경우 완전 환기가 필수적이다. 저장 상자는 사과를 담기 전에 세척 후 일광 소독을 한다.

[저장고 반입]

수확한 과실은 가능한 빠른 시간 내 저장고로 반입하고, 반입이 지연될 경우 그늘에 보관한다. 반입 물량은 당일 선별가능물량 + 입고(단기보관 +저장) 가능 물량을 고려하여 산정(算定) 한다. 또한 저장고 적재는 시설 형태, 규모, 작업 방법을 고려하여 적재하여야 하며, 최대 적재량은 저장고 부피의 70~80%로 하고, 벽면으로부터 30~50cm 이상 공간을 두고 적재한다.

표 11-4 저장 및 유통 전처리 과정

출하계획		유통센터 전처리 작업 관리
직출하	기본원칙	· 수확 후 직사광선에 노출되지 않도록 관리 – 수확시기가 저온기 일 경우, 과수원 야적 금지 · 수확 후 및 출하 전 부가적인 예냉(豫冷) 불필요
저 장	기본원칙	· 기본적으로 저장고 냉장용량이 충분한 경우 – 예냉을 거치지 않고 바로 저온저장 – 저장고 내에서 빠른 시간 내 온도 저하
	단기	· 연말연시 무렵 판매용 : 선별 후 구분저장
	장기	· 밀 증상이 심한 과실은 장기저장 회피(回避) · 수확 – 운반용 플라스틱 박스채로 바로 저온저장 – 출하 전 선별 및 출하

다. 저장환경 관리

[저장고 환경관리 요소]

온도 관리는 저온을 유지함으로써 호흡, 증산 및 기타 효소 활성억제와 미생물의 증식을 억제하여 부패에 의한 손실을 감소시킨다. 습도 관리는 수분탈취(水分奪取)를 방지하여 중량 감소를 저하하고 조직감을 유지시킨다. 그리고 저장고내 주기적인 환기는 에틸렌을 분해 및 제거하여 조직감 유지, 숙성 지연을 시킨다.

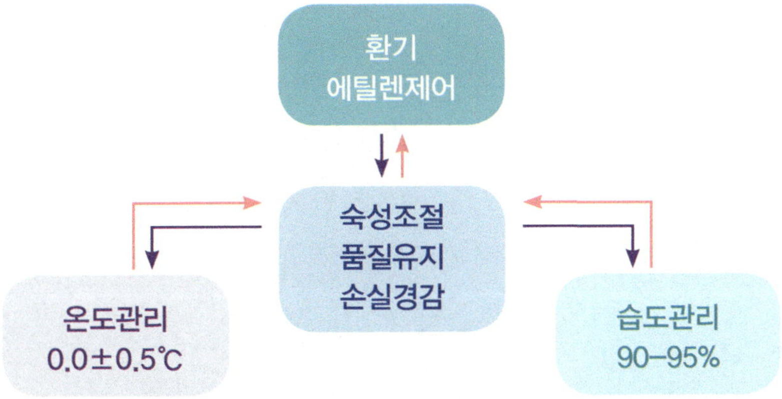

〈그림 11-2〉 저장고 환경관리 요소

[저장고 환경관리의 실제]

온도관리는 수확 후 바로 입고하여 최단시간 내 0℃ 도달하도록 한다. 온도는 0.0±0.5℃ 범위가 유지되도록 온도편차 최소화, 적정 제상주기를 설정하여 운영한다. 습도는 과실의 건조를 유발하는 주요한 원인이므로 습도가 너무 높으면 미생물의 번식으로 과실이 쉽게 부패하고, 낮으면 수분손실로 중량이 감소하게 된다. 따라서 사과의 저장 중 적정습도는 90~95% 유지되도록 가습을 해 주거나 바닥에 물을 뿌려 습도를 유지시켜준다. 저온저장고의 제상(除霜)은 한번에 15~30분씩 하루 3~6회 정도한다. 제상 후에는 저장고 온도가 잠시 올라가므로 자주 냉각기에 얼음이 끼는 정도를 살펴보면서 불필요하게 자주 제상이 중간에 오도록 되지 않도록 관리한다. 사과 입고한 후에는 반드시 환기를 실시해야 한다. 저장 중에는 15~20일 간격으로 저장고 내부를 환기(換氣)시켜 유해가스를 배출시키고, 환기는 기온이 낮을 때 찬 공기가 저장고 내로 들어오도록 하면 효율적이다.

라. 선별

선별은 객관적으로 정해진 등급규격에 맞게 상품을 구분하는 작업으로 선별이 잘된 상품일수록 시장에서 인정을 받고 높은 가격을 받을 수 있다.

[참고 자료]

- 국립원예특작과학원. 2013. 사과재배(농업기술길잡이 5). 농촌진흥청.
- 윤태명, 김목종, 엄재열, 이순원, 박윤문, 한수곤. 2012. 고밀실 사과재배기술. 경북대학교 사과연구소.

부록

유기 및 무농약농산물에 사용 가능한 물질

부록 사과 유기재배 매뉴얼 Manual of Organic Apple

유기 및 무농약농산물에 사용 가능한 물질

*친환경농어업 육성 및 유기식품 등의 관리 · 자원에 관한 법률

허용물질의 종류

[유기농산물 생산에 허용가능한 물질]

1) 토양개량과 작물생육을 위하여 사용이 가능한 물질

사용가능 물질	사용가능 조건
· 농장 및 가금류의 퇴구비(堆廏肥) · 퇴비화 된 가축배설물 · 건조된 농장 퇴구비 및 탈수한 가금 퇴구비	· 「친환경농어업 육성 및 유기식품 등의 관리 · 자원에 관한 법률」 의 시행규칙별표 3 제2호다목5)에 적합할 것
· 식물 또는 식물 잔류물로 만든 퇴비	· 충분히 부숙(腐熟: 썩다)된 것일 것
· 버섯재배 및 지렁이 양식에서 생긴 퇴비	· 버섯재배 및 지렁이 양식에 사용되는 자재는 이 목 1)에서 사용이 가능한 것으로 규정된 물질만을 사용할 것
· 지렁이 또는 곤충으로부터 온 부식토	· 지렁이 및 곤충의 먹이는 이 목 1)에서 사용이 가능한 것으로 규정된 물질만을 사용할 것
· 식품 및 섬유공장의 유기적 부산물	· 합성첨가물이 포함되어 있지 않을 것
· 유기농장 부산물로 만든 비료	· 화학물질의 첨가나 화학적 제조공정을 거치지 않을 것
· 혈분 · 육분 · 골분 · 깃털분 등 도축장과 수산물 가공공장에서 나온 동물부산물	· 화학물질의 첨가나 화학적 제조공정을 거치지 않아야 하고, 항생물질이 검출되지 않을 것
· 대두박, 쌀겨 유박, 깻묵 등 식물성 유박(油粕)류	· 유전자를 변형한 물질이 포함되지 않을 것 · 최종제품에 화학물질이 남지 않을 것

사용가능 물질	사용가능 조건
· 제당산업의 부산물[당밀, 비나스(Vinasse), 식품등급의 설탕, 포도당 포함]	· 유해 화학물질로 처리되지 않을 것
· 유기농업에서 유래한 재료를 가공하는 산업의 부산물	· 합성첨가물이 포함되어 있지 않을 것
· 오줌	· 충분한 발효와 희석을 거쳐 사용할 것
· 사람의 배설물	· 완전히 발효되어 부숙된 것일 것 · 고온발효: 50° C 이상에서 7일 이상 발효된 것 · 저온발효: 6개월 이상 발효된 것일 것 · 엽채류 등 농산물 · 임산물의 사람이 직접 먹는 부위에는 사용 금지
· 벌레 등 자연적으로 생긴 유기체	
· 구아노(Guano: 바닷새, 박쥐 등의 배설물)	· 화학물질 첨가나 화학적 제조 공정을 거치지 않을 것
· 짚, 왕겨, 쌀겨 및 산야초	· 비료화하여 사용할 경우에는 화학물질 첨가나 화학적 제조공정을 거치지 않을 것
· 톱밥, 나무껍질 및 목재 부스러기 · 나무 숯 및 나뭇재	· 「폐기물관리법 시행규칙」에 따라 환경부장관이 고시하는 「폐목재의 분류 및 재활용기준」의 1 등급에 해당하는 목재 또는 그 목재의 부산물을 원료로 하여 생산한 것일 것
· 황산칼륨, 랑베나이트(해수의 증발로 생성된 암염) 또는 광물염 · 석회소다 염화물 · 석회질 마그네슘 암석 · 마그네슘 암석 · 사리염(황산마그네슘) 및 천연석 (황산칼슘) · 석회석 등 자연에서 유래한 탄산칼슘 · 점토광물(벤토나이트 · 펄라이트 및 제올라이트 · 일라이트 등) · 질석(Vermiculite: 풍화한 흑운모) · 붕소 · 철 · 망간 · 구리 · 몰리브덴 및 아연 등 미량원소	· 천연에서 유래하여야 하고, 단순 물리적으로 가공한 것일 것 · 사람의 건강 또는 농업환경에 위해(危害)요소로 작용하는 광물질(예: 석면광, 수은광 등)은 사용할 수 없음
· 칼륨암석 및 채굴된 칼륨염	· 천연에서 유래하여야 하고 단순 물리적으로 가공한 것으로 염소함량이 60퍼센트 미만일 것
· 천연 인광석 및 인산알루미늄칼슘	· 천연에서 유래하여야 하고 단순 물리적 공정으로 제조된 것이어야 하며, 인을 오산화인(P_2O_5)으로 환산하여 1kg 중 카드뮴이 90mg/kg 이하일 것
· 자연암석분말 · 분쇄석 또는 그 용액	· 화학물질의 첨가나 화학적 제조공정을 거치지 않을 것 · 사람의 건강 또는 농업환경에 위해요소로 작용하는 광물질이 포함된 암석은 사용할 수 없음

사용가능 물질	사용가능 조건
· 광물을 제련하고 남은 찌꺼기 [베이직 슬래그, 광재(鑛滓)]	**· 광물의 제련과정에서 나온 것(예: 비료 제조 시 화학물질이 포함되지 않은 규산질 비료)**
· 염화나트륨(소금) 및 해수	· 염화나트륨(소금)은 채굴한 암염 및 천일염(잔류농약이 검출되지 않아야 함)일 것 · 해수는 다음 조건에 따라 사용할 것 – 천연에서 유래할 것 – 엽면(葉面) 시비용으로 사용할 것 – 토양에 염류가 쌓이지 않도록 필요한 최소량만을 사용할 것
· 목초액	· 「목재의 지속가능한 이용에 관한 법률」 제20조에 따라 국립산림과학원장이 고시한 규격 및 품질 등에 적합할 것
· 키토산	· 농촌진흥청장이 정하여 고시한 품질규격에 적합할 것
· 미생물 및 미생물추출물	· 미생물의 배양과정이 끝난 후에 화학물질의 첨가나 화학적 제조공정을 거치지 않을 것
· 이탄(泥炭, Peat), 토탄(土炭, peat moss), 토탄 추출물	
· 해조류, 해조류 추출물, 해조류 퇴적물	
· 황	
· 스틸리지(stillage) 및 스틸리지 추출물 (암모니아 스틸리지는 제외한다)	

2) 병해충 관리를 위하여 사용이 가능한 물질

사용가능 물질	사용가능 조건
· 제충국 추출물	**· 제충국(Chrysanthemum cinerariae folium)에서 추출된 천연물질일 것**
· 데리스(Derris) 추출물	· 데리스(Derris spp., Lonchocarpus spp 및 Terphrosia spp.)에서 추출된 천연물질일 것
· 쿠아시아(Quassia) 추출물	· 쿠아시아(Quassia amara)에서 추출된 천연물질일 것
· 라이아니아(Ryania) 추출물	· 라이아니아(Ryania speciosa)에서 추출된 천연물질일 것
· 님(Neem) 추출물	· 님(Azadirachta indica)에서 추출된 천연물질일 것

사용가능 물질	사용가능 조건
· 해수 및 천일염	· 잔류농약이 검출되지 않을 것
· 젤라틴(Gelatine)	· 크롬(Cr)처리 등 화학적 공정을 거치지 않을 것
· 난황(卵黃, 계란노른자 포함)	· 화학물질이나 화학적 제조 공정을 거치지 않을 것
· 식초 등 천연산	· 화학물질의 첨가나 화학적 제조공정을 거치지 않을 것
· 누룩곰팡이(Aspergillus)의 발효 생산물	· 미생물의 배양과정이 끝난 후에 화학물질의 첨가나 화학적 제조공정을 거치지 않을 것
· 목초액	· 「목재의 지속 가능한 이용에 관한 법률」 제20조에 따라 국립산림과학원장이 고시한 규격 및 품질 등에 적합할 것
· 담배잎차(순수니코틴은 제외)	· 물로 추출한 것일 것
· 키토산	· 농촌진흥청장이 정하여 고시한 품질규격에 적합할 것
· 밀납(Beeswax) 및 프로폴리스(Propolis)	
· 동 · 식물성 오일	· 천연유화제로 제조할 경우에 한하여 수산화칼륨은 동물성 · 식물성 오일 사용량 이하로 최소화하여 사용할 것. 다만, 인증품 생산계획서에 등록하고 사용할 것.
· 해조류 · 해조류가루 · 해조류추출액	
· 인지질(lecithin)	
· 카제인(유단백질)	
· 버섯 추출액	
· 클로렐라(담수녹조) 추출액	
· 천연식물(약초 등)에서 추출한 제재(담배는 제외)	
· 구리염 · 보르도액 · 수산화동 · 산염화동 · 부르고뉴액	· 토양에 구리가 축적되지 않도록 필요한 최소량만을 사용할 것

사용가능 물질	사용가능 조건
· 생석회(산화칼슘) 및 소석회(수산화칼슘)	· 토양에 직접 살포하지 않을 것
· 석회보르도액 및 석회유황합제	
· 에틸렌	· 키위, 바나나와 감의 숙성을 위하여 사용할 것
· 규산염 및 벤토나이트	· 천연에서 유래하거나, 이를 단순 물리적으로 가공한 것만 사용할 것
· 규산나트륨	· 천연규사와 탄산나트륨을 이용하여 제조한 것일 것
· 규조토	· 천연에서 유래하고 단순 물리적으로 가공한 것일 것
· 맥반석 등 광물질 가루	· 천연에서 유래하고 단순 물리적으로 가공한 것일 것 · 사람의 건강 또는 농업환경에 위해요소로 작용하는 광물질(예: 석면광 및 수은광 등)은 사용할 수 없음
· 인산철	· 달팽이 관리용으로만 사용할 것만 해당함
· 파라핀 오일	
· 중탄산나트륨 및 중탄산칼륨	
· 과망간산칼륨	· 과수의 병해관리용으로만 사용할 것
· 황	· 액상화할 경우에 한하여 수산화나트륨은 황 사용량 이하로 최소화하여 사용할 것. 반드시 인증품 생산계획서에 등록하고 사용할 것
· 미생물 및 미생물 추출물	· 미생물의 배양과정이 끝난 후에 화학물질의 첨가나 화학적 제조공정을 거치지 않을 것
· 천적	· 생태계 교란종이 아닐 것
· 성 유인물질(페로몬)	· 작물에 직접 처리하지 않을 것(덫에만 사용할 것)
· 메타알데하이드	· 별도 용기에 담아서 사용하고, 토양이나 작물에 직접 처리하지 않을 것(덫에만 사용할 것)
· 이산화탄소 및 질소가스	· 과실 창고의 대기 농도 조정용으로만 사용할 것
· 비누(Potassium Soaps)	· 발효주정일 것
· 에틸알콜	· 생태계 교란종이 아닐 것
· 허브식물 및 기피식물	
· 기계유	· 과수농가의 월동 해충 구제용에만 허용 · 수확기 과실에 직접 사용하지 않을 것
· 웅성불임곤충	

[무농약농산물등에 사용가능한 물질]

가. 무농약농산물: 제1호가목2)에 따른 병해충 관리를 위하여 사용 가능한 물질만 사용할 수 있다.

[유기농업자재 제조 시 보조제로 사용가능한 물질]

사용가능 물질	사용가능 조건
· 미국 환경보호국(EPA)에서 정하는 농약제품에 허가된 불활성 성분목록 (Inert Ingredients List) 3 또는 4에 해당하는 보조제	· 친환경농어업 육성 및 유기식품 등의 관리 · 지원에 관한 법률」의 시행규칙별표 제1호가목2) 병해충 관리를 위하여 사용이 가능한 물질을 화학적으로 변화시키지 않으면서 단순히 PH 조정 등과 같은 효과를 증진시키기 위하여 첨가하는 것으로만 사용할 것 · 유기농업자재를 생산, 제조 · 가공 또는 취급하는 자는 물을 제외한 보조제가 주원료의 투입비율을 초과하지 않았다는것을 인증품 생산계획서 또는 공시(품질인증) 생산계획서에 기록 · 관리하고 사용할 것 · 불활성 성분 목록 3의 식품등급에 해당하는 보조제는 식품의약품안전처에서 식품첨가물로 지정된 물질일 것

집 필 인 | 송양익, 이선영,

이순원((사)한국과수병해충예찰연구센터)

편 집 인 | 국립원예특작과학원 사과연구소장 정경호

권헌중, 이동혁, 권순일, 박무용, 김정희, 송양익,

도윤수, 이선영, 권영순, 이동용

감 수 | 국립농업과학원 유기농업과

김석철, 김용기, 신재훈, 박종호

사과 유기재배 매뉴얼

Manual of Organic Apple

초판 인쇄 2023년 04월 05일
초판 발행 2023년 04월 11일

저 자 국립원예특작과학원 사과연구소
발행인 김갑용

발행처 진한엠앤비
주소 서울시 서대문구 독립문로 14길 66 205호(냉천동 260)
전화 02) 364 - 8491(대) / 팩스 02) 319 - 3537
홈페이지주소 http://www.jinhanbook.co.kr
등록번호 제25100-2016-000019호 (등록일자 : 1993년 05월 25일)

ISBN 979-11-290-4628-4 (93520) [정가 22,000원]